WERKSTATTBÜCHER
FÜR BETRIEBSANGESTELLTE, KONSTRUKTEURE UND FACHARBEITER. HERAUSGEGEBEN VON DR.-ING. H. HAAKE, HAMBURG

Jedes Heft 50—70 Seiten stark, mit zahlreichen Abbildungen

Die Werkstattbücher behandeln das Gesamtgebiet der Werkstattstechnik in kurzen selbständigen Einzeldarstellungen: anerkannte Fachleute und tüchtige Praktiker bieten hier das Beste aus ihrem Arbeitsfeld, um ihre Fachgenossen schnell und gründlich in die Betriebspraxis einzuführen.

Die Werkstattbücher stehen wissenschaftlich und betriebstechnisch auf der Höhe, sind dabei aber im besten Sinne gemeinverständlich, so daß alle im Betrieb und auch im Büro Tätigen, vom vorwärtsstrebenden Facharbeiter bis zum leitenden Ingenieur, Nutzen aus ihnen ziehen können.

Indem die Sammlung so den Einzelnen zu fördern sucht, wird sie dem Betrieb als Ganzem nutzen und damit auch der deutschen technischen Arbeit im Wettbewerb der Völker.

Einteilung der bisher erschienenen Hefte nach Fachgebieten

I. Werkstoffe, Hilfsstoffe, Hilfsverfahren
Heft

Der Grauguß. 3. Aufl. Von Chr. Gilles	19
Stahl- und Temperguß. 3. Aufl. Von E. Kothny	24
Die Baustähle für den Maschinen- und Fahrzeugbau. Von K. Krekeler	75
Die Werkzeugstähle. Von H. Herbers	50
Hartmetalle in der Werkstatt. 2. Aufl. Von A. Rottler	62
Kupfer und Kupferlegierungen. 3. Aufl. Von H. Keller u. K. Eickhoff	45
Leichtmetalle. 3. Aufl. Von F. Böhle	53
Hitzehärtbare Kunststoffe — Duroplaste —. Von A. Nielen †	109
Nichthärtbare Kunststoffe — Thermoplaste —. Von H. Determann	110
Furniere — Sperrholz — Schichtholz I. 2. Aufl. Von J. Bittner	76
Furniere — Sperrholz — Schichtholz II. 2. Aufl. Von L. Klotz	77
Härten und Vergüten des Stahles. 6. Aufl. Von H. Herbers	7
Die Praxis der Warmbehandlung des Stahles. 6. Aufl. Von P. Klostermann	8
Brennhärten. 2. Aufl. Von H. W. Grönegreß	89
Induktionshärten. Von E. Höhne	116
Elektrowärme in der Eisen- und Metallindustrie. 2. Aufl. Von O. Wundram	69
Die Gaswärme im Werkstättenbetrieb. Von F. Schuster	115
Die Brennstoffe. 2. Aufl. Von E. Kothny	32
Öl im Betrieb. 3. Aufl. Von K. Krekeler u. P. Beuerlein	48
Farbspritzen. 2. Aufl. Von R. Klose	49
Anstrichstoffe und Anstrichverfahren. Von R. Klose	103
Rezepte für die Werkstatt. 6. Aufl. Von W. Barthels	9
Dichtungen. Von K. Trutnovsky	92

II. Spangebende Formung

Die Zerspanbarkeit der Werkstoffe. 3. Aufl. Von K. Krekeler	61
Gewindeschneiden. 5. Aufl. Von O. M. Müller	1
Bohren. 4. Aufl. Von J. Dinnebier	15
Senken und Reiben. 4. Aufl. Von J. Dinnebier	16
Innenräumen. 3. Aufl. Von A. Schatz	26

(Fortsetzung 3. Umschlagseite)

WERKSTATTBÜCHER
FÜR BETRIEBSANGESTELLTE, KONSTRUKTEURE UND FACHARBEITER. HERAUSGEBER DR.-ING. H. HAAKE, HAMBURG

===== HEFT 119 =====

Metallographische Arbeitsverfahren

Von

Egon Kauczor
Hamburg

Mit 99 Abbildungen

Springer-Verlag
Berlin / Göttingen / Heidelberg
1957

Inhaltsverzeichnis

	Seite
Vorwort	3
I. Probennahme	3
II. Fassen der Proben	5
A. Einklammern und Einbetten	5

1. Mechanisches Einklammern der Proben S. 5. — 2. Einbetten in Kunstharzpreßmassen S. 6. — 3. Einbetten in Gießharze S. 6. — 4. Einbetten bei niedrigen Temperaturen S. 7.

B. Galvanische Probeneinbettung	7

1. Galvanisches Einbetten in Kupfer S. 8. — 2. Andere Einbettungsmetalle S. 9.

III. Herstellen der Schliffe	10
A. Schleifen	10

1. Schleifen auf der Maschine S. 10. — 2. Schleifen von Hand S. 11.

B. Polieren und Ätzen	12

1. Polieren mit Maschine und von Hand S. 12. — 2. Geschwindigkeiten der Polierscheiben und Polierdauer S. 13. — 3. Fehler beim Polieren S. 13. — 4. Ätzen, Reinigen und Trocknen des Schliffes S. 16.

C. Schleifen und Polieren mit Diamantpasten	17
D. Mikrotomie	18
E. Übersicht über die Schleif- und Poliermittel	20
IV. Aufbewahrung der Proben	20
V. Ätzbeispiele und Ätzmittel	21
A. Ätzbeispiele — makroskopisch	21

1. Ätzmittel nach ADLER S. 21. — 2. Ätzmittel nach OBERHOFFER S. 24. — 3. Tiefätzmittel für Stahl S. 24. — 4. Ätzmittel nach FRY S. 25. — 5. Schwefelabdruck nach BAUMANN S. 28. — 6. Makroätzmittel für Aluminium und Aluminiumlegierungen S. 29.

B. Ätzbeispiele — mikroskopisch	30

1. Stahl und Eisen, unlegiert und niedrig legiert S. 30. — 2. Hochlegierte Stähle S. 30. — 3. Zementitnachweis S. 34. — 4. Kupfer und Kupferlegierungen S. 35. — 5. Leichtmetalle S. 35. — 6. Weißmetalle S. 37.

C. Übersicht über die Ätzmittel	37
VI. Elektrolytisches Polieren und Ätzen	39
A. Grundlagen, Einrichtungen und Anwendung des elektrolytischen Verfahrens	39

1. Theoretische Grundlagen S. 39. — 2. Die Stromdichte-Spannungskurve S. 39. — 3. Vorrichtungen zum elektrolytischen Polieren und Ätzen S. 41. — 4. Vorbereitung der Proben S. 43. — 5. Anwendung des Verfahrens S. 43. — 6. Elektrolytisches Ätzen S. 44.

B. Elektrolyten für metallographische Zwecke	44
VII. Schrifttum	55

ISBN 978-3-540-02231-2 ISBN 978-3-642-87474-1 (eBook)
DOI 10.1007/978-3-642-87474-1

Alle Rechte, insbesondere das der Übersetzung in fremde Sprachen vorbehalten.
Ohne ausdrückliche Genehmigung des Verlages ist es auch nicht gestattet, dieses Buch oder Teile daraus auf photomechanischem Wege (Photokopie, Mikrokopie) zu vervielfältigen.

Vorwort

Als Ergänzung zu dem Werkstattbuch Heft 64, das die „metallographische Gefügelehre" behandelt, soll dieses Buch in erster Linie dem Metallographen als Hilfe bei seiner praktischen Arbeit dienen. Darüber hinaus aber gibt es allen Fachleuten, die mit Metallfragen zu tun haben, einen Überblick über die Möglichkeiten im guten und schlechten Sinne, die sich aus der Probenherstellung bei der Beurteilung metallographischer Schliffe ergeben. Auch wird es in schwierigen Fällen ein wertvoller Ratgeber sein können, denn der Verfasser war bemüht, durch Gegenüberstellung von „falsch" und „richtig" oder „gut" und „schlecht" besonders die Grenzfälle der Probenherstellung deutlich zu machen.

Seit die Metallographie Eingang in die Werkstoffprüfung gefunden hat, ist eine verwirrende Anzahl von Arbeitsmethoden und Ätzmitteln entwickelt worden. Der praktische Metallograph im Industriebetrieb ist meistens gar nicht in der Lage, alle diese Verfahren zu beachten. Er benötigt bestimmte, vielseitig anwendbare, erprobte Arbeitsmethoden, die ihn in die Lage versetzen, mit geringem Aufwand und genügender Erkenntnismöglichkeit wirtschaftlich zu arbeiten. Ihre Art und Anwendung zu zeigen, ist Aufgabe dieses Buches. Weiter soll es Hinweise geben, wie bei der Probenvorbereitung Fehler entstehen können und wie sie zu vermeiden sind.

Viele der behandelten Ätzmittel sind bereits in derselben oder ähnlicher Form in den bekannten Fachbüchern erwähnt. Der Verfasser hat versucht, auf Grund seiner praktischen Erfahrungen die in Zusammensetzung und Handhabung einfachsten und in der Verwendung vielseitigsten herauszufinden. Auf optische und photographische Fragen einzugehen, überschreitet den Rahmen dieses Buches. Der Verfasser hat einiges Schrifttum darüber mit angegeben.

Die in diesem Buch wiedergegebenen Erfahrungen wurden in einem Institut gesammelt, das durch sehr unterschiedlichen Probenanfall gezwungen ist, sich mit allen Arbeitsmethoden vertraut zu machen. Es hat sich dabei herausgestellt, daß kein Verfahren vollständig durch ein anderes ersetzt werden kann. Neue Verfahren treten neben bereits vorhandene und erweitern damit die Möglichkeiten der metallographischen Probenvorbereitung. Selbst in einem mit allen neuzeitlichen Geräten ausgestatteten Laboratorium wird es manchmal vorkommen, daß ein Schliff noch in der Handschale poliert werden muß.

Die praktischen Vorarbeiten für alle abgebildeten Beispiele sind im Rahmen der laufenden Prüfarbeiten in der metallographischen Abteilung des „Werkstoffprüfamtes der Freien und Hansestadt Hamburg" durchgeführt worden.

Besonders danken möchte der Verfasser dem Leiter des Werkstoffprüfamtes, Herrn Dr.-Ing. WILLY GÖTSCHENBERG, für seine freundliche Unterstützung und den Metallographinnen Fräulein MENGA PFLÜGER und Frau ANNEMARIE FLUG für ihre stets hilfsbereite Mitarbeit.

I. Probennahme

Die richtige Probennahme ist ausschlaggebend für den Erfolg der gesamten Untersuchung. Die Probe soll für den zu prüfenden Werkstoff typisch sein. Bei gewalztem Material z. B., das auf Verunreinigungen untersucht werden soll, wird man keinen Querschliff, sondern einen Längsschliff wählen, weil nur der Längsschliff die ganze Ausdehnung der Verunreinigungen erkennen läßt. Die Möglichkeit von Ent- und Aufkohlung, Kaltverformung, Rekristallisation usw. ist zu berücksichtigen. Werden Fehlstellen untersucht, ist es vorteilhaft, eine Probe des gesunden Werkstoffes als Vergleichsstück zu entnehmen.

Die *Härte des Werkstoffes* ist bestimmend für die Art der Probennahme. Weiche Stücke können *gesägt* werden. Scherenschnitte sind wegen der damit verbundenen Kaltverformung *ungeeignet*. Von spröden Materialien läßt sich oft ein geeignetes Stück *abschlagen*.

Harte Werkstoffe müssen mit *Trennmaschinen*[1] (z. B. Abb. 1) auf die gewünschte Größe geschnitten werden. Hierbei ist außerordentliche *Vorsicht* geboten. Wenn nicht für ausreichende Kühlung gesorgt und zu schnell getrennt wird, kann die entstehende Wärme eine vollständige Gefügeänderung herbeiführen. Abb. 2 zeigt eine durch unvorsichtiges Trennen verdorbene Probe eines legierten Werkzeugstahles. Es ist deutlich jeder einzelne Schnitt

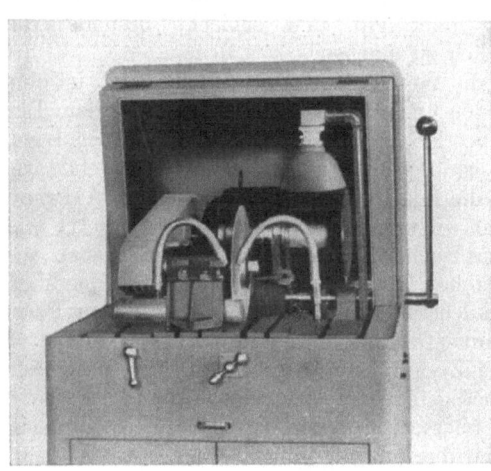

Abb. 1. Original BUEHLER-Trennmaschine mit eingebautem Kühlsystem (*Buehler Ltd.*, Evanston, Illinois, USA; in Deutschland vertreten durch Fa. *Jean Wirtz*, Düsseldorf)[2]

Abb. 2. Durch unvorsichtiges Trennen verdorbene Probe eines legierten Werkzeugstahles (Anlieferungszustand, geätzt mit 10%iger alkohol. Salpetersäure)

der Trennscheibe zu erkennen. Das wirkliche Gefüge wird vollständig durch diese „unechten" Figuren verdeckt.

Welchen Einfluß schon verhältnismäßig geringe *Temperaturen* auf das Mikrogefüge haben, veranschaulicht das in Abb. 3 und 4 gezeigte Beispiel. Der tetragonale Martensit in Abb. 3 wandelt sich schon bei Temperaturen um 150° C in den leichter ätzbaren kubischen Martensit um. Bei etwas höheren Temperaturen (ab 200° C) zerfällt dann auch der Restaustenit in kubischen Martensit. Diese Temperaturen können bei unvorsichtiger Probenvorbereitung leicht erreicht werden. Man wird dann ein Gefüge wie das in Abb. 3 gar nicht zu sehen bekommen.

Eile am falschen Platze kann hier großen Schaden anrichten. Für das vorsichtige Abarbeiten der durch Wärmeeinfluß für die Prüfung unbrauchbar gewordenen Schicht wird man ein Vielfaches der beim zu schnellen Trennen gesparten Zeit brauchen. Der Schaden kann besonders groß werden, wenn der Verstoß nicht bemerkt wird und dadurch ein falsches Prüfergebnis zustande kommt.

Trennen durch *Brennschneiden* ist aus dem gleichen Grunde mit größter Vorsicht anzuwenden. Wenn eine Probe mit dem Schneidbrenner entnommen wird,

---

[1] Zur Erläuterung der Ausführungen dieses Buches werden auch Abbildungen verschiedener metallographischer Hilfseinrichtungen als Beispiele wiedergegeben. Ein Werturteil gegenüber den sonst auf dem Markte befindlichen Fabrikaten soll damit in keiner Weise ausgesprochen werden.

[2] Die Firmennamen werden nur einmal ausführlich, bei Wiederholungen abgekürzt genannt.

muß das herausgeschnittene Stück so groß sein, daß die für einen Mikroschliff vorgesehene Stelle mit Sicherheit nicht durch die Schneidhitze beeinflußt wurde. Der eigentliche Schliff muß dann aus diesem Stück herausgesägt werden.

Bei Metallen mit niedrigen *Rekristallisationstemperaturen* muß bei allen Arbeitsgängen auf diese Temperaturen Rücksicht genommen werden. Schon hastiges

Abb. 3. Gehärteter Zustand, tetragonaler Martensit und Restaustenit

Abb. 4. ½ Std. bei 150° C angelassen, kubischer Martensit und Restaustenit

Überhitzt gehärteter legierter Stahl (1,5% C, 1,5% Cr, — 1200° C ↓ Wasser)
(Ätzmittel: 2%ige alkohol. Salpetersäure)

Sägen oder Feilen kann eine Rekristallisation einleiten. Es ist möglich, daß eine Probe, die im verformten Zustande angeliefert wird, bei unsachgemäßer Bearbeitung durch Rekristallisation ein vollständig neues Gefüge bildet. Eine solche Probe ist für weitere Untersuchungen unbrauchbar, da das Gefüge nicht mehr dem Anlieferungszustand entspricht. Aus der Tabelle 1 können die Temperaturen für den Rekristallisationsbeginn reiner Metalle entnommen werden. Temperaturen bis rd. 200° C können, vor allem bei eingeklammerten Proben, an der geschliffenen Fläche längst überschritten sein, wenn die Hand sie noch nicht empfindet.

Tabelle 1. *Rekristallisationsbeginn reiner Metalle*

Metall	Rekristallisationsbeginn bei °C	Metall	Rekristallisationsbeginn bei °C
Blei	0	Gold	200
Zinn	0	Eisen	400
Cadmium	10	Platin	450
Zink	10	Nickel	600
Magnesium	150	Molybdän	900
Aluminium	200	Tantal	1000
Kupfer	200	Wolfram	1200
Silber	200		

II. Fassen der Proben
A. Einklammern und Einbetten

Wenn Proben eine handliche Form haben und eine Betrachtung des Randes nicht nötig ist, kann ohne Einklammerung geschliffen werden. Um zu verhindern, daß das Poliertuch eingerissen und die Probe fortgeschleudert wird, ist es nötig, Ecken und Kanten zu brechen (Abb. 5, rechts).

1. Mechanisches Einklammern der Proben. Proben, bei denen besonders der Rand betrachtet werden soll (Entkohlung, Einsatzhärtung, Oberflächenfehler usw.) oder die eine unhandliche Form haben, werden eingeklammert oder in Kunstharz eingebettet. Die Klammern können verschiedene Form haben, Abb. 5 zeigt zwei Beispiele.

Eingeklammerte Proben müssen mit Beilagen versehen werden, die etwas von der Schlifffläche zurückstehen (Abb. 6). Dünnes Kupferblech ist hierfür gut geeignet. Die Schlifffläche einer ohne Beilage eng an der Klammer anliegenden Probe ist schwierig sauber zu halten. Das in den engen Spalt zwischen Klammer und Probe eingedrungene Wasser oder Ätzmittel wird durch Kapillarwirkung festgehalten und kann beim Trocknen meist nur unvollkommen entfernt werden. Es dringt später wieder an die Oberfläche und verdirbt den Schliff. Die Beilagen verhindern die Kapillarwirkung

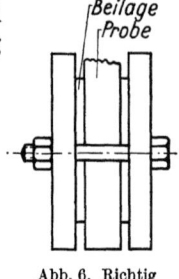

Abb. 5. Eingeklammerte Proben und Probe mit gebrochenen Kanten   Abb. 6. Richtig eingelegte Beilagen

zwischen Klammer und Probe. Außerdem läßt man sie soweit zurückstehen, daß das vorstehende Ende der Probe einwandfrei getrocknet werden kann.

Um unterschiedliche Abtragung beim Polieren und Elementbildung beim Ätzen zu verhindern, muß Klammern- und Probenmaterial aufeinander abgestimmt sein. Man braucht hierbei nicht übermäßig ängstlich zu sein. Es kann ohne weiteres ein Stück Gußeisen in Stahl eingeklammert werden. Man darf jedoch, um einen besonders ungünstigen Fall zu nennen, Kupfer und Aluminium nicht miteinander verklammern.

Um zu vermeiden, daß die Probe bei der nachfolgenden Bearbeitung verrutscht, müssen die Schrauben der Verklammerung kräftig angezogen werden. Weiche Metalle, z. B. Lagerwerkstoffe können hierbei leicht verformt werden. Die Einklammerung ist für diesen Zweck an sich also nicht geeignet. Man kann sich hier aber noch dadurch helfen, daß man die Beilagen möglichst weit von der Schlifffläche zurücksetzt. Man ist dann sicher, daß der zu betrachtende Teil der Probe durch den Einspanndruck nicht beeinflußt wird. Die restliche Probe ist in diesem Falle jedoch für weitere Untersuchungen nicht mehr geeignet.

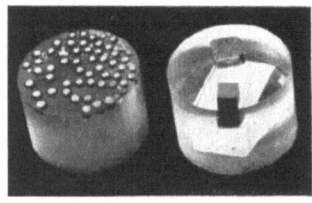

Abb. 7. In durchsichtige Kunstharzpreßmasse eingebettete Proben

2. Einbetten in Kunstharzpreßmassen. Für das Fassen sehr kleiner oder zum Einklammern unvorteilhaft geformter Proben hat sich *durchsichtige Kunstharzpreßmasse* bewährt. In dem durchsichtigen Preßling (Abb. 7) ist die Form der Probe klar zu erkennen. Ein Papierstreifen mit der Probenbezeichnung oder sonstigen Angaben kann mit eingebettet werden. Kunstharzpulver, Preßformen, Heizvorrichtungen und Pressen sind bei den einschlägigen Firmen erhältlich (z. B. Abb. 8). Wenn eine Zerreißmaschine mit Druckvorrichtung vorhanden ist, kann man ohne besondere Presse auskommen. Man benötigt dann nur Preßform und Heizvorrichtung. Wenn kein Wert auf Durchsichtigkeit des Preßlings gelegt wird, kann man auch das billigere, schwarze Bakelitpulver verwenden.

3. Einbetten in Gießharze. Es sind auch Gießharze im Handel, für die man keine Presse benötigt. Diese Harze müssen vor dem Vergießen mit dem zugehörigen Härter in bestimmtem Verhältnis gemischt werden. Als Gußform eignet sich ein Rohrabschnitt, den man zur Abdichtung leicht in ein Stück Bleifolie einschlägt (Abb. 9).

Wenn die Innenwand der Gußform dünn mit Silikonpaste eingerieben wird, kann man den fertigen Gießling später leicht herausdrücken. Die Härtung dauert mehrere Stunden, bei Temperaturen, die meist über 100° C liegen. Für die Aushärtung kann jeder regulierbare Trockenschrank benutzt werden. Es ist vorteilhaft, die Form vor dem Guß auf die Härtetemperatur zu erwärmen, da das Harz dann mit Sicherheit alle Zwischenräume ausfüllt.

Die Güte der Einbettung kommt der in Preßmassen gleich, wenn die beim Kauf der Gießharze mitgelieferten Gebrauchsanweisungen sorgfältig beachtet werden. Die Geschwindigkeit des Schnellpreßverfahrens wird jedoch nicht erreicht.

4. Einbetten bei niedrigen Temperaturen. Für Metalle, die bei niedrigen Temperaturen rekristallisieren, sind *Kalteinbettmassen* erhältlich. Das sind Kunstharze, die auch bei Raumtemperatur aushärten. Die Härtung dauert hier bei günstigstem Mischungsverhältnis zwischen Harz und Härter bis zu 24 Stunden. Bei der Kalteinbettung kann als Trennmittel auch Vaseline an die Wände der Form gestrichen werden.

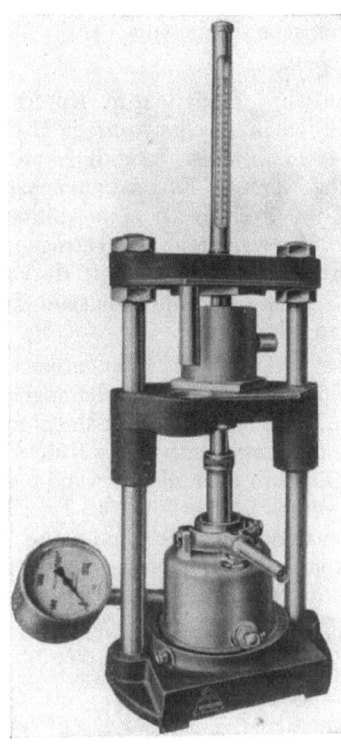

Abb. 8. Hydraulische Kunstharzpresse zum Einbetten kleiner Proben in Kunstharzmasse (*P. F. Dujardin*, Düsseldorf)

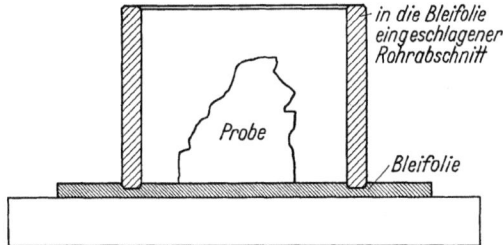

Abb. 9. Für Probeneinbettung in Gießharz vorbereitete Form

Kunstharz-Einbettmassen können gegen zu schnelle Abtragung beim Polieren dadurch etwas *widerstandsfähiger* gemacht werden, daß man die Umgebung der Probe vor dem Einbetten mit Feilspänen des gleichen oder ähnlichen Materials bestreut, die nachher in der Oberfläche des Preßlings bzw. Gießlings haften.

B. Galvanische Probeneinbettung[1]

Es kommt häufig vor, daß der *äußerste Rand* eines Schliffes mikroskopisch betrachtet werden soll. Beim Polieren werden die Kanten der Probe jedoch so stark abgerundet, daß eine Betrachtung dieser Teile mit dem Mikroskop nicht mehr möglich ist. Auch in Kunstharz eingebettete Proben werden häufig dieser Anforderung nicht genügen, da auch hier eine leichte Abrundung der Kanten durch schnellere Abtragung der Einbettmasse nicht zu vermeiden ist.

Bei eingeklammerten Schliffen kann man oft ausreichende Randschärfe erreichen, wenn man darauf achtet, daß Klammern- und Probenmaterial gleichartig

---

[1] Dieses Verfahren wurde nach Angaben entwickelt, die Prof. G. L. KEHL in seinem Buch „The Principles of Metallographic Laboratory Practice" gemacht hat. Vgl. Schrifttum Nr. 3, S. 55.

sind und keine Beilagen benutzt werden. Der Rand wird sich dann jedoch nur einwandfrei ätzen lassen, wenn die Probe vor der letzten Ätzung ausgeklammert wird. Täuschungen durch Gratbildung sind trotzdem leicht möglich. Einwandfreie Ergebnisse lassen sich bei solchen Proben nur durch galvanische Einbettung (Abb. 10 u. 11) erreichen.

1. Galvanisches Einbetten in Kupfer.

Bevor die Probe in das galvanische Bad eingehängt wird, muß sie gründlich mit Äther *entfettet* werden. Es wird zunächst durch Bad A (Tabelle 2) eine dünne zyanidische Kupferschicht aufgetragen, um die Probe vor einem Angriff durch das stark saure Verkupferungsbad B (Tabelle 3) zu schützen.

Die errechneten *Stromstärken* müssen genau eingehalten werden. Abweichungen verursachen schlecht haftende Schichten und Knospenbildung. Zeitweiliges Rühren mit einem Glasstab oder die Verwendung eines Rührwerkes ist vorteilhaft. Frisch angesetzte zyanidische Bäder sind manchmal träge. Durch Zusetzen einer kleinen Menge alten Bades können sie angeregt werden. Also ein altes Bad erst fortschütten, wenn das frisch angesetzte sich als brauchbar erwiesen hat.

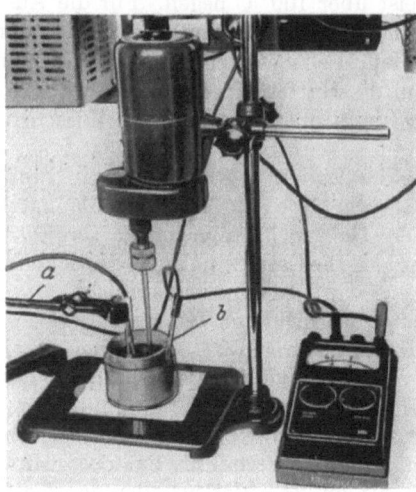

Abb. 10. Versuchsanordnung für galvanische Probeneinbettung
a Halterung für die Probe (Kathode),
b Kupferblech (Anode)

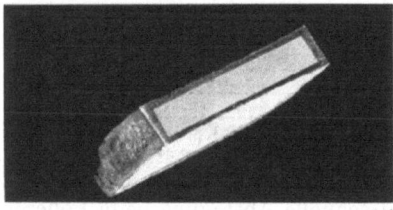

Abb. 11. Galvanisch eingebettete Probe

Tabelle 2. *Bad A: Für die zyanidische Schutzschicht*

Kupferzyanid (giftig!)	22,5 g
Natriumzyanid (giftig!) . . .	34,0 g
Natriumkarbonat	15,0 g
Wasser	1000 ml
Stromdichte	0,002 A/cm²
Temperatur	30—40° C
Kathode	Probe
Anode	Kupfer

Tabelle 3. *Bad B: Verkupferungsbad*

Kupfersulfat	250 g	Temperatur	Raum
Konz. Schwefelsäure	40 ml	Kathode	Probe
Wasser	1000 ml	Anode	Kupfer
Stromdichte	0,02—0,04 A/cm²		

Die *Vorteile* der galvanischen Probeneinbettung erkennt man an den Abb. 12 und 13. Bei der in Abb. 12 gezeigten Lochfraßstelle an einem Schiffsblech hat das galvanisch aufgetragene Kupfer vollständig dicht jede Unebenheit der Anfressung ausgefüllt. Dadurch war es möglich, die Probe bis zum äußersten Rand scharf zu polieren. Das Beispiel in Abb. 13 ist ein Mikroschliff aus einem Lagerwerkstoff mit einem eingedrückten harten Fremdkörper. Durch die Kupferschicht wurde der Fremdkörper während des ganzen Schleif- und Poliervorganges in seiner ursprünglichen Lage gehalten. Außerdem konnte noch eine vergleichende Härteprüfung mit einem Kleinlasthärteprüfer durchgeführt werden.

Nachteile dieser Methode sind die elektrochemischen Erscheinungen, die durch Elementbildung zwischen aufgetragener Kupferschicht und Probe beim Ätzen auftreten können. Bei einem verkupferten Stahlschliff z. B. wird sich bei Ätzmitteln, die Kupfer angreifen, das gelöste Kupfer sofort in fest haftenden Flecken auf dem Stahl niederschlagen (Abb. 14).

In der beschriebenen Weise lassen sich *alle Metalle* mit *Ausnahme* von *Aluminium und Magnesium* verkupfern. Auf Leichtmetallen haftet Kupfer nur, wenn die Oberfläche vorher aufgerauht wird. Der zu untersuchende Teil

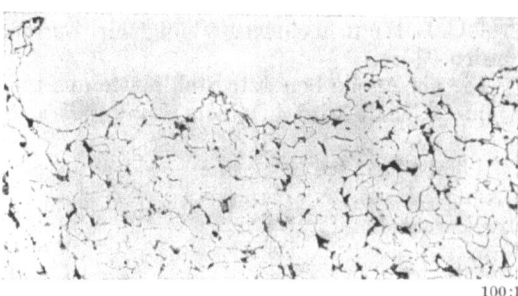

Abb. 12. Galvanisch eingebetteter Mikroschliff aus einer Lochfraßstelle eines korrodierten Schiffsbleches (Ätzmittel: 2%ige alkohol. Salpetersäure)

der Probe wird dadurch zerstört. Außerdem gelingt es hier nicht, einen porenfreien Überzug zu erzeugen. Bei Verkupferung von Leichtmetallen für andere Zwecke

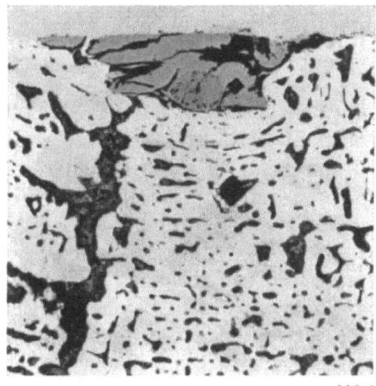

Abb. 13. Galvanisch eingebette Probe eines Lagermetalls (Bleibronze) mit eingedrücktem Fremdkörper (ungeätzt)

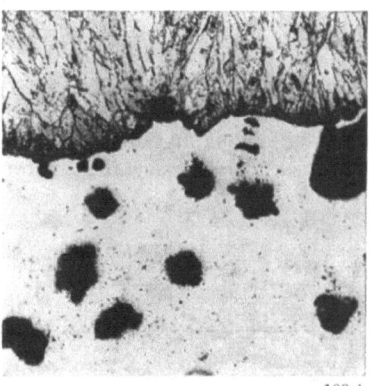

Abb. 14. In Kupfer eingebetteter Stahlschliff. Kupferschicht mit ammoniakalischer Kupferrammoniumchloridlösung geätzt. Galvanisch niedergeschlagene Kupferflecken auf dem Stahl

wird diese schwammige Kupferschicht glattgewalzt.

Das Verfahren eignet sich auch zur mikroskopischen Bestimmung der *Schichtdicken galvanischer Überzüge* nach DIN 50 950. Als Beispiel läßt Abb. 15 die Dicke der Zinkschicht auf einem verzinkten Stahldraht erkennen.

2. Andere Einbettungsmetalle. Es ist natürlich auch möglich, Überzüge aufzutragen, die dem Probenmaterial verwandt sind,

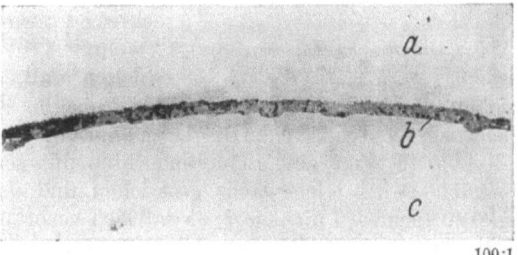

Abb. 15. Probe aus einem verzinkten Stahldraht, zur Bestimmung der Dicke der Zinkschicht galvanisch eingebettet (ungeätzt). *a* galvanisch aufgetragene Kupferschutzschicht, *b* Zink, *c* Stahldraht

z. B. einen Eisenüberzug auf Stahl. Die galvanisch aufgetragene Schicht wird dann jedoch von den Lösungen angegriffen, mit denen der Schliff geätzt wird.

Solch ein klarer Kontrast, wie der zwischen geätzter Stahlprobe und nicht angeätzter Kupferschutzschicht in Abb. 12, läßt sich dann nicht erzeugen.

Ein Eisenüberzug auf Stahl, der auch auf Zunder und Rost haftet, kann nach Prof. G. L. KEHL in einem Bad folgender Zusammensetzung (Tabelle 4) aufgetragen werden.

Die als Anode benutzte Stahlplatte aus unlegiertem Stahl mit möglichst niedrigem C-Gehalt wird in einem *Leinwandbeutel* in das Bad eingehängt. Dadurch wird eine Verunreinigung des Bades durch Anodenschlamm vermieden. Wenn die *Badtemperatur* von 85° C genau eingehalten wird, entsteht ein gut haftender, zäher und porenfreier Überzug. Badtemperaturen unter 84° C verursachen Porosität und Risse. Bei Temperaturen über 85° C ist der Überzug etwas rauh. Die Proben müssen vor dem Einbringen in das Bad gründlich mit Äther *entfettet* werden.

Tabelle 4. *Bad für einen Eisenüberzug auf Stahl*

Eisenchlorid	288 g
Natriumchlorid	57 g
Wasser	1000 ml
Stromdichte	0,005—0,02 A/cm²
Temperatur	85° C
Kathode	Probe
Anode	C-armer, unlegierter Stahl

III. Herstellen der Schliffe
A. Schleifen

Die roh vorgearbeiteten Proben werden plangedreht, gehobelt, gefeilt oder an einem Schleifstein vorgeschliffen (Vorsicht Wärmeeinfluß!). Anschließend wird an einer Schleifmaschine weitergearbeitet und zwar erst auf Schmirgelpapier Körnung 90 N (alte Bezeichnung 80) und anschließend um 90° gedreht auf Körnung 240 N (alte Bezeichnung 220).

Wenn man zu einer feineren Körnung übergeht, muß die Probe gründlich mit einem weichen Pinsel vom anhaftenden Schleifstaub des vorhergehenden Papieres gereinigt werden. Auf ein feineres Papier mitgeschleppte Körner können den ganzen Schliff verderben.

1. Schleifen auf der Maschine. Schleifmaschinen werden von den einschlägigen Firmen in verschiedenen Formen hergestellt. Die Bevorzugung senkrechter oder waagerechter Schleifflächen ist oft nur Gewohnheit. Wer häufig besonders große Proben schleifen muß, wird senkrechte Schleifflächen vorziehen, da hier beim Andrücken der Probe das Körpergewicht mitarbeitet, während bei waagerechten Flächen der Druck nur von Hand und Arm ausgeübt werden kann.

Abb. 16. Schleifmaschine mit senkrechten Schleifflächen (Bauart *Wirtz*)

Abb. 16 zeigt eine Schleifmaschine mit senkrechten Schleifflächen. Auf die Scheiben wird Klebewachs gestrichen und das Papier einfach angeklebt. Das Klebewachs wird nicht fest, so daß sich verbrauchtes Papier leicht wieder abziehen läßt. Durch einen Falz am Scheibenrand wird verhindert, daß das Papier seitlich verrutscht. Der Papierwechsel dauert kaum eine Minute. Wenn das Klebewachs gleichmäßig und nicht zu dick aufgetragen wird, liegt das Papier ausreichend glatt an. Wird jedoch Wert auf einen besonders glatten Sitz der Papiere gelegt, kann man die Schleifscheiben in der in Abb. 17 gezeigten Weise abändern. Das Papier wird hier durch einen rd. 10 mm breiten Ring mit vier versenkten Schrauben festgehalten. Wegen der damit verbundenen Unfallgefahr keine Flügelmuttern oder dgl. benutzen! Das Papier kann schnell ausgewechselt werden, indem man den Ring abschraubt, auf das neue Papier auflegt, die Löcher durchsticht und Ring mit Papier wieder anschraubt. Um Verletzungen zu vermeiden, überstehendes Papier mit einem alten Sägeblatt abschneiden!

Die Probe nicht auf der Schleifscheibe bewegen, sondern mit leichtem Druck an einer Stelle festhalten. So entsteht ein klarer Strich, dessen Verschwinden beim Schleifen senkrecht dazu, mit der nächsten Körnung, gut beobachtet werden kann. Der Schliff darf nicht so heiß werden, daß Kühlung mit Wasser nötig ist. Abgesehen vom Wärmeeinfluß kommt es häufig vor, daß in Rissen, Poren und in den Zwischenräumen bei eingeklammerten Proben durch die Feuchtigkeit eine zäh haftende Masse aus nassem Schleifstaub entsteht und sich festsetzt. Diese Masse kann

Abb. 17. Schleifscheibe mit Spannring

so fest sitzt, daß sie oft, ohne Schaden anzurichten, über alle weiteren Papiere mitgeschleppt wird und erst beim Polieren herauskommt, die Polierscheibe verunreinigt und den Schliff verdirbt.

2. Schleifen von Hand. Es hat sich in der Praxis gezeigt, daß Schleifen mit der Maschine meistens nur bis Körnung 240 N lohnt. Man kann natürlich auch hier schon von Hand schleifen.

Die auf Körnung 240 N geschliffene Probe wird von Hand auf Körnung 1/0 weitergeschliffen und zwar wieder senkrecht zur vorhergehenden Richtung. Das Papier wird hierzu in einen Schleifbock (Abb. 18) eingespannt oder einfach auf eine ebene Glasplatte aufgelegt. Es folgen dann unter dem üblichen Wechsel der Schleifrichtung und gründlichem Gebrauch des Pinsels die Körnungen 2/0, 3/0 und 4/0. Nicht auf das nächste Papier übergehen, bevor alle Schleifspuren der vorhergehen-

Abb. 18. Einspannen eines Papieres in einem Schleifbock

den Richtung beseitigt sind, und keine Körnung überspringen! Die Papiere bewahrt man vorteilhaft in einfachen Faltmappen auf und zwar jede Körnung in einer besonderen Mappe. Die Mappen immer so übereinanderlegen, daß keine feinere Körnung unter einer gröberen liegt.

Während es sich beim Vorschleifen an der Maschine lohnt, öfters frische Papiere aufzuspannen, ist es beim Feinschleifen vorteilhaft, nicht zu neues Papier zu benutzen. Eine auf neuen Papieren, besonders 4/0 fertiggeschliffene Probe bereitet manchmal Schwierigkeiten beim Polieren. Da man jedoch ab und zu neue Papiere benutzen muß, um nicht zu langsam zu arbeiten, kann man so verfahren, daß man einen alten Bogen 4/0 aufbewahrt. Man geht dann vom neuen 4/0, ebenfalls unter

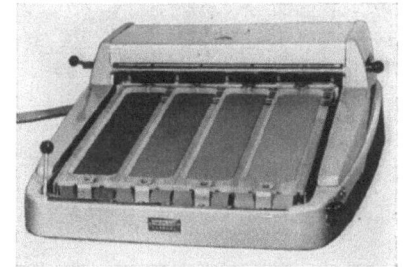

Abb. 19. Naßschleifgerät nach LUNN (Fa. *Struers*, Kopenhagen, Dänemark; in Deutschland vertreten durch Fa. *P. F. Dujardin*, Düsseldorf)

Änderung der Schleifrichtung auf das alte 4/0 über. Diese Mühe macht sich beim späteren Polieren bezahlt.

Angenehmes, staubfreies Handschleifen ermöglicht die in Abb. 19 gezeigte Naßschleifanlage der dänischen Firma *Struers*. Hier wird wasserfestes Siliziumkarbidpapier in 4 Körnungen benutzt (220—320—400—600). Den entstehenden Schleifstaub spült ständig über die Papiere laufendes Wasser sofort weg. Man kann deshalb von einer Körnung auf die andere übergehen, ohne die Probe vorher zu reinigen.

Das Schleifpapier ist in Rollen am oberen Ende des Gerätes untergebracht. Zum Papierwechsel wird der Spannrahmen durch Hebel gelockert, das Schleifpapier um eine Bahnlänge hervorgezogen und das verbrauchte Papier an einer dafür vorgesehenen scharfen Kante abgerissen.

Ein leichtes Werfen des nassen Papieres ist nicht zu vermeiden. Die Probenkanten werden deshalb etwas stärker abgerundet als bei der trockenen Methode. Da Schliffe, die randscharf bleiben sollen, eingeklammert oder eingebettet werden, kann diese Erscheinung kaum als Nachteil angesehen werden.

B. Polieren und Ätzen

Polieren und Ätzen gehören als Arbeitsgänge zusammen. Ein Mikroschliff, der nur einmal poliert und anschließend geätzt wird, ergibt in den wenigsten Fällen brauchbare Bilder. Beim Schleifen der Probe bildet sich eine Bearbeitungsschicht. Je weicher das Metall ist, um so dicker ist die Bearbeitungsschicht. Durch abwechselndes Polieren und Ätzen, sog. *Zwischenätzen*, wird diese Schicht abgetragen und das wirkliche Gefüge erscheint.

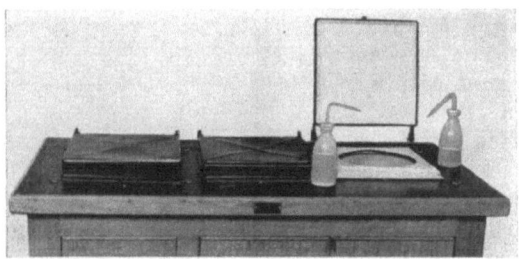

Abb. 20. Dreispindlige Poliermaschine in Schrankausführung (*Wirtz*)

Abb. 21. Kleine schwenkbare Schleif- und Poliermaschine (*Wirtz*)

1. Polieren mit Maschine und von Hand. Die bis 4/0 geschliffene Probe muß vor dem Polieren gründlich mit Wasser abgespült werden. Außerdem ist es wichtig, Hände und Fingernägel zu reinigen, um Schleifstaub vom Poliertuch fernzuhalten. Häufig haften auch an den Ärmeln der Arbeitskittel Schmirgelkörner, die ebenfalls auf die Polierscheibe fallen können.

Für das Arbeiten mit Poliermaschinen benötigt man filz- und samtbespannte Polierscheiben. Abb. 20 zeigt eine dreispindlige Poliermaschine, Abb. 21 eine kleine, schwenkbare Schleif- und Poliermaschine. Der Poliersamt wird nicht unmittelbar auf die Scheibe aufgespannt, sondern erst mit Filz unterlegt. Als Poliermittel benutzt man Tonerde Nr. 1 (1:9 verdünnt mit destilliertem Wasser) für die Filzscheibe und Nr. 3 (1:30) für die Samtscheibe. Stahl, Gußeisen und andere harte Proben werden auf der Filzscheibe poliert, weichere Metalle wie Kupfer, Messing usw. anschließend noch auf Samt. Manche Stahlschliffe, z. B. von austenitischen Stählen oder Kohlenstoffstählen mit hohem Ferritanteil, werden jedoch schöner, wenn man sie ebenfalls noch etwas auf Samt nachpoliert.

Die Tonerde spritzt man ab und zu auf die Mitte der laufenden Polierscheibe. Einfache Spritzflaschen aus Polyäthylen (s. Abb. 20) sind hierfür am besten geeignet, da komplizierte Zerstäuber sehr leicht verstopfen.

Für den Fall, daß die Tonerde auf der Scheibe zu dick wird, kann man noch eine Flasche mit Wasser bereit halten. Das Poliertuch muß immer gut feucht gehalten werden, da sich Tonerde auf dem Schliff festfrißt, wenn zu trocken poliert wird.

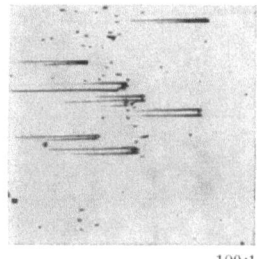

Der Schliff muß auf der laufenden Polierscheibe dauernd bewegt werden und zwar vorteilhaft in kleinen Kreisen entgegengesetzt zur Drehrichtung. Wenn die Probe nicht bewegt wird, hat später fast jeder Einschluß einen sog. Kometenschwanz in der Polierrichtung (Abb. 22).

Abb. 22. Kometenschwänze in einem Stahlschliff, der beim Polieren nicht bewegt wurde

Besonders empfindliche Proben werden nach maschineller Politur, auch auf Samt mit feinster Tonerde, nicht völlig kratzerfrei sein. Diese äußerst feinen Riefen oder letzten Reste der Bearbeitungsschicht werden im praktischen Betrieb die Auswertung des Schliffbildes nicht beeinflussen. Wird jedoch ein einwandfreies Mikrobild gewünscht, muß von Hand weiterpoliert werden. Für die Handpolitur benutzt man ein mit Filz unterlegtes Stückchen Samt auf einer ebenen Glasplatte. Der Poliersamt wird mit Tonerde Nr. 3 (konzentrierter als auf der Polierscheibe, etwa 1:10) getränkt. Die Probe wird ohne Druck in kleinen Kreisen auf dem Samt bewegt. Praktischer ist eine Handschale, die man sich leicht selbst anfertigen kann, indem man in eine Entwicklerschale (für Plattengröße 9×12) eine Glasplatte legt, die mit Filz und Samt umwickelt ist (Abb. 23).

2. Geschwindigkeiten der Polierscheiben und Polierdauer. Die Umlaufgeschwindigkeiten der Polierscheiben sind bei der Schliffherstellung nicht so wichtig, wie manchmal angenommen wird. In den meisten Fällen wird es genügen, wenn man die Filzscheibe schnell und die Samtscheibe langsam laufen läßt.

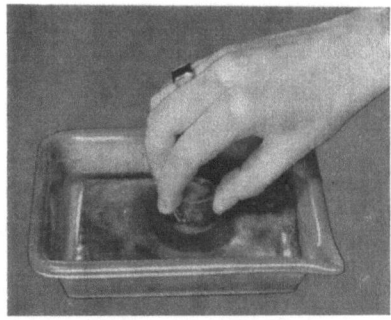

Abb. 23. Polieren in der Handschale

Feste Angaben über die Polierdauer können nicht gemacht werden. Es muß solange poliert werden, bis nicht nur alle Schleifspuren, sondern auch beim Schleifen entstandene oberflächliche Gefügeverformungen durch abwechselndes Polieren und Ätzen beseitigt sind. Wer noch nicht eingearbeitet ist, sollte den Schliff häufiger im Mikroskop betrachten und weiterpolieren, wenn das Ergebnis noch nicht befriedigend ist. Bei weichen Metallen läßt sich die Polierdauer verkürzen durch Vorpolieren von Hand mit einer Vorpolierpaste auf Filz oder mit Diamantpaste (3μ) auf einer mit dafür geeignetem Tuch bespannten Kunststoffscheibe (s. Abschn. Diamantschleifen, S. 17).

3. Fehler beim Polieren. Fehler, die oft beim Polieren gemacht werden, sind in den Bildtafeln I und II erläutert.

Bildtafel I

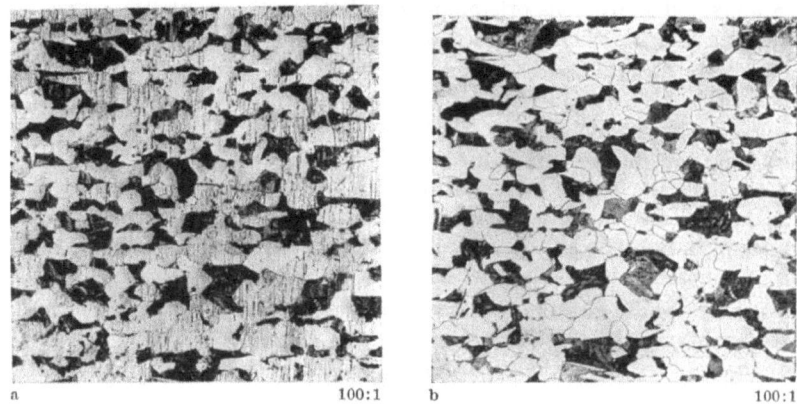

Abb. 24a u. b. Kohlenstoffstahl mit rd. 0,45% C.
a) Noch nicht fertig poliert; b) dieselbe Stelle richtig poliert

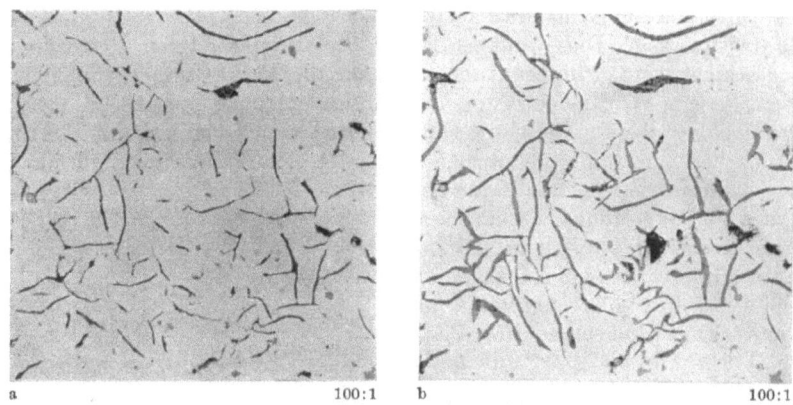

Abb. 25a u. b. Grauguß ungeätzt.
a) Ohne Zwischenätzung poliert; b) dieselbe Stelle zwischengeätzt und Ätzung wieder abpoliert

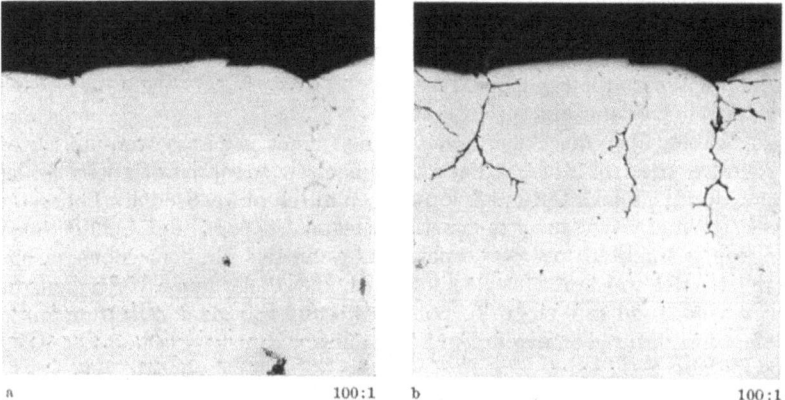

Abb. 26a u. b. Feine Risse in einem Automobilnocken.
a) Ohne Zwischenätzung poliert; b) dieselbe Stelle nach 3 Zwischenätzungen

Bildtafel II

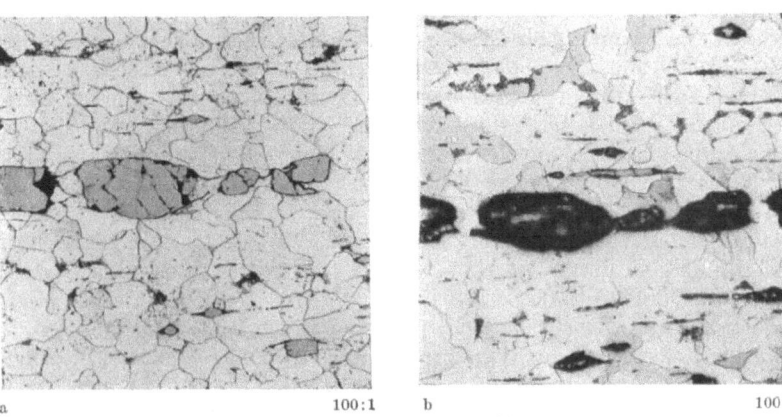

Abb. 27a u. b. Automatenstahl.
a) Richtig poliert und geätzt; b) dieselbe Stelle zu lange poliert und zu häufig zwischengeätzt

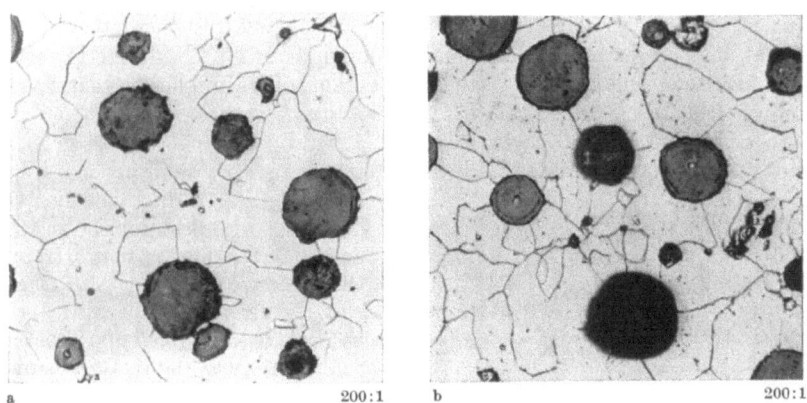

Abb. 28a u. b. Sphärolithisches Gußeisen.
a) Richtig poliert und geätzt; b) Sphärolithen durch zu langes Polieren und zu häufiges Zwischenätzen teilweise herausgelöst

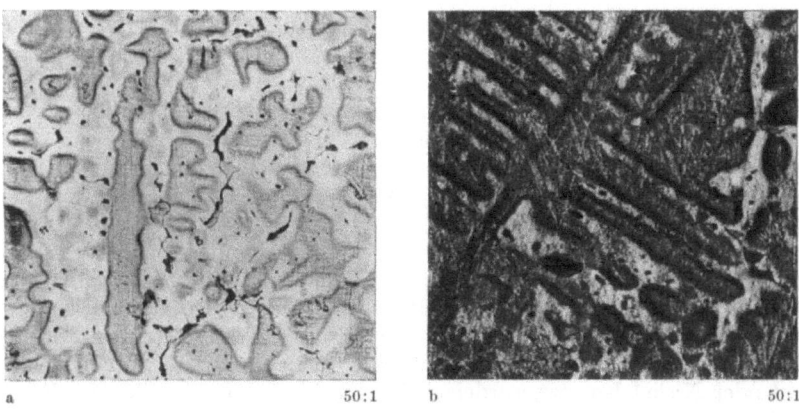

Abb. 29a u. b. Rotguß.
a) Richtig poliert und geätzt; b) zu lange auf zu grobem Tuch poliert und zu stark geätzt

Abb. 24a, Bildtafel I, zeigt einen Kohlenstoffstahl (rd. 0,45 % C), der noch nicht fertig poliert ist. Die Schleifspuren sind zwar beseitigt, es liegt aber noch eine Bearbeitungsschicht über den Ferritkörnern. Nach Abpolieren der ersten Ätzung zeigt die zweite Ätzung (Abb. 24b) schon ein klares Bild. Bei Weicheisen, weichen NE-Metallen und austenitischen Stählen sind meist mehrere Zwischenätzungen nötig.

Es muß auch zwischengeätzt werden, wenn Schliffe nur ungeätzt betrachtet werden sollen. Bei dem Graugußschliff in Abb. 25a, Bildtafel I, sind die Graphitlamellen durch einen Grat der Bearbeitungsschicht teilweise verdeckt und erscheinen dadurch dünner, als sie in Wirklichkeit sind. Schon durch eine Zwischenätzung konnte der störende Grat entfernt werden (Abb. 25 b).

Besonders hartnäckig sind oft feine Risse, wie die in Abb. 26a, Bildtafel I, gezeigten. Sie sind durch die Vorbereitungsarbeiten meist so stark zugeschmiert und vergratet, daß sie ohne Zwischenätzung häufig gar nicht zu sehen sind. Hier lassen erst mehrere Zwischenätzungen das wirkliche Bild erscheinen (Abb. 26 b).

Man kann aber auch des Guten zuviel tun. Abb. 27a, Bildtafel II, zeigt einen richtig polierten Automatenstahl. Die sulfidischen Einschlüsse und das Gefüge sind klar zu erkennen. Abb. 27 b zeigt, wie durch zu langes Polieren und zu häufiges Zwischenätzen die Einschlüsse herausgelöst wurden und nur noch Löcher an ihrer Stelle zu sehen sind. Hierdurch können manchmal spröde Schlacken dort vorgetäuscht werden, wo eigentlich sulfidische Einschlüsse gesessen haben.

Nicht viel besser ist es dem Sphäroguß in Abb. 28b, Bildtafel II, ergangen. Die Sphärolithen sind hier bereits teilweise herauspoliert und herausgeätzt, während ein entsprechender Schliff in Abb. 28a klar und deutlich ist.

Die Rotgußprobe Abb. 29 b, Bildtafel II, wurde zu lange auf zu grobem Filz poliert und zu stark geätzt. Dadurch entstand ein zu dunkles, von zahlreichen feinen Kratzern durchzogenes Gefüge, dessen härtere Bestandteile zu stark aus der polierten Fläche hervortreten. Im Gegensatz dazu zeigt Abb. 29a einen einwandfreien Rotgußschliff.

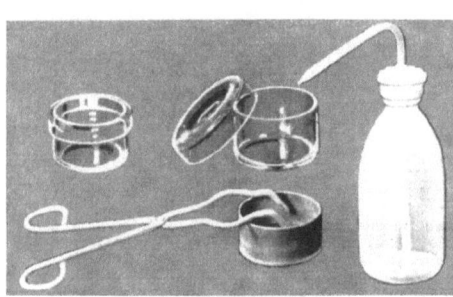

Abb. 30. Ätzschalen aus Glas, Ätzschale aus Kunststoff für Flußsäure enthaltende Ätzmittel, Ätzzange, Polyäthylen-Spritzflasche

4. Ätzen, Reinigen und Trocknen des Schliffes. Vor dem Ätzen muß der Schliff, auch wenn nur zwischengeätzt werden soll, unter fließendem Wasser gründlich von anhaftender Tonerde gereinigt werden. Bei Stahl, Gußeisen und harten Nichteisen-Metallen kann hierzu ein reiner Wattebausch benutzt werden. Bei weichen Metallen nicht mit Watte auf der Schlifffläche reiben, sondern die Probe solange unter fließendes Wasser halten, bis alle Tonerde fortgespült ist.

Wenn ein wäßriges Ätzmittel benutzt wird, kann man die nasse Probe unmittelbar ätzen. Handelt es sich um eine alkoholische Lösung, muß der Schliff vorher durch Eintauchen in Alkohol vom Wasser befreit werden.

Die Probe wird mit der polierten Fläche in das Ätzmittel eingetaucht und etwas bewegt, oder die Lösung wird mit einem Wattebausch auf der Schlifffläche verrieben. Wenn das Ätzmittel schwach ist, wie z. B. 2%ige alkoholische Salpetersäure, kann man die Probe notfalls mit den Fingern festhalten. Bei Lösungen, die die Haut unangenehm färben oder anätzen, müssen Ätzzangen aus rostsicherem Stahl oder Nickel benutzt werden. Abb. 30 zeigt einige Geräte, die beim Ätzen gebräuchlich sind.

Der Ätzangriff kann mit dem bloßen Auge am Mattwerden der polierten Fläche beobachtet werden. Wer schon eine größere Anzahl von Mikroschliffen angefertigt hat, wird bald schnell genug beurteilen können, wann eine Ätzung abgebrochen werden muß. Die Probe muß dann sofort unter fließendes Wasser gehalten werden. Porige und rissige Proben spült man anschließend noch in ammoniakalischem Wasser, d. h. Leitungswasser, in das man einen Schuß Salmiakgeist hineingegossen hat, um eingedrungene Säure zu neutralisieren. Flecken, die sich durch Leitungswasser häufig auf Gußeisenschliffen bilden, können ebenfalls durch Spülung in ammoniakalischem Wasser beseitigt werden.

Wenn alle Ätzmittelreste fortgespült sind, muß die nasse Schlifffläche wieder mit Alkohol vom Wasser befreit werden. Für diese zweite Alkohol-Spülung kann auch Spiritus benutzt werden, den man mit einer Spritzflasche auf die Schlifffläche spritzt. Der wertvollere Äthylalkohol wird dann nicht so schnell verwässert und kann länger benutzt werden.

Zuletzt wird die Probe unter einem Föhn getrocknet. Durch vorsichtiges Tupfen mit weichem Filterpapier kann man das Trocknen beschleunigen und Fleckenbildung vermeiden. Empfindliche Schliffe können selbst mit weichem Filterpapier noch zerkratzt werden. Solche Proben hält man nur schräg unter den Föhn, damit der Alkohol in einer Richtung abzieht. Eingeklammerte, porige und rissige Proben müssen solange unter dem Föhn liegenbleiben, bis keine Feuchtigkeit mehr aus den Zwischenräumen hervorkommt.

C. Schleifen und Polieren mit Diamantpasten

Das Schleifen und Polieren mit Diamantpasten ist in erster Linie für die Bearbeitung von Proben aus Hartmetallen oder Gesteinen entwickelt worden. Praktische Versuche haben jedoch gezeigt, daß es noch eine Anzahl anderer Anwendungsmöglichkeiten dieses Verfahrens bei der metallographischen Probenvorbereitung gibt. Besonders hervorzuheben ist die Tatsache, daß die Diamantpasten das Material schnell und gleichmäßig abtragen. Bei Werkstoffen, die Gefügebestandteile mit sehr unterschiedlicher Härte besitzen, kann dadurch unerwünschte Reliefbildung vermieden werden.

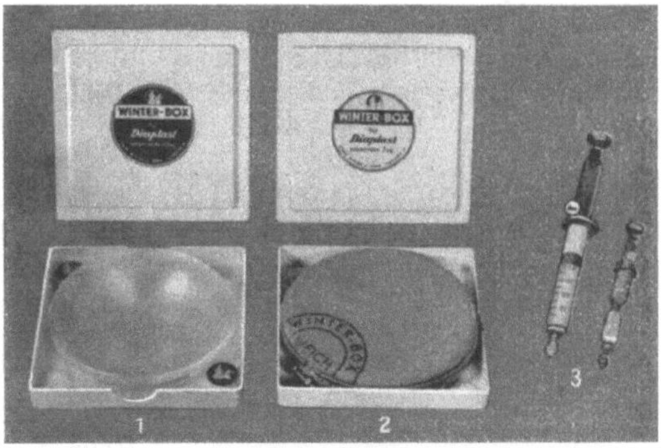

Wie häufig bei metallographischen Arbeiten, können auch hier besonders gute Ergebnisse durch Verbindung mit anderen Methoden erzielt werden. So kann man z. B. die handelsüblichen Vorpolierpasten für weiche Metalle, die in der Regel fetthaltig sind, durch Diamantpasten ersetzen. Diamantpasten für metallographische Zwecke sind wasserlöslich und können deshalb leicht vom Schliff entfernt werden. Die Vorpolierzeit wird mit diesen Pasten wesentlich verkürzt und das Arbeiten ist sauberer und angenehmer.

Abb. 31. Diamant-Schleif- und Poliereinrichtung
(*Ernst Winter & Sohn*, Hamburg 19)
1 Winter-Box I zum Vor- und Feinschleifen, 2 Winter-Box II mit aufgespanntem Poliertuch, 3 Dosierspritzen für Diaplast-Diamantpasten

Eine Diamantschleif- und -poliereinrichtung zeigt Abb. 31. Zum *Vor- und Feinschleifen* metallographischer Proben aus sehr hartem Material wird hier eine

Kunststoffscheibe benutzt, in die zahlreiche feine Rillen eingedreht sind (Winter-Box I). Für mittelharte und weiche Metalle benötigt man diese Scheibe nicht. Man kann solche Proben auch, wie oben unter B beschrieben, auf den bekannten Schleifpapieren zum Polieren vorbereiten.

Poliert wird auf Tüchern, die mit einem Spannring auf einer glatten Kunststoffscheibe festgehalten werden (Winter-Box II). Je feiner das zum Polieren benutzte Diamantkorn ist, um so weicher muß das Poliertuch sein. Tücher sind in den Härten „hart", „mittel" und „weich" erhältlich.

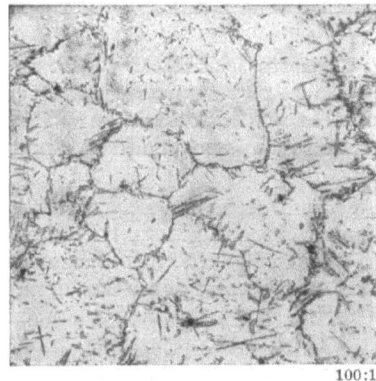

Abb. 32. Manganhartstahl (rd. 12% Mn) mit Karbidausscheidungen, die überwiegend an den Korngrenzen auftreten. Geschliffen und poliert mit Diamantpasten (Ätzmittel: 10%ige alkohol. Salpetersäure)

Die Scheiben werden durch Kunststoffbehälter vor Verunreinigungen geschützt. Um zu verhindern, daß eine Scheibe mit einer anderen Diamantpaste als der bereits darauf benutzten imprägniert wird, sind Behälter und Dosierspritzen durch Farben gekennzeichnet.

Diamantpasten sind in 7 verschiedenen Korngrößen und 3 Konzentrationen im Handel. Körnungen zwischen 50 und 7 μ werden zum Vor- und Feinschleifen mit der Winter-Box I benutzt. Mit feineren Körnungen bis herab zu 0,25 μ wird in der Winter-Box II auf Tüchern poliert.

Die Paste darf nicht mit dem Finger auf die Schleifscheibe oder das Poliertuch aufgebracht werden. Man drückt aus einer Dosierspritze einige Kubikmillimeter auf die für die Politur vorbereitete Fläche der Probe und betupft damit die Scheibe an möglichst vielen verschiedenen Stellen. Die Probe wird dann in kleinen Kreisen mit leichtem Druck auf der Scheibe bewegt. Ab und zu wird die Platte hauchdünn mit Spiritus besprüht. Abschliff kann mit reinem, lauwarmem Wasser oder Spiritus von der Platte abgespült werden. Abb. 32 zeigt als Beispiel einen mit Diamantpasten hergestellten Schliff.

Bei allen Arbeitsgängen muß auf größte *Sauberkeit* geachtet werden, damit kein Diamantkorn auf eine Scheibe übertragen wird, die mit einer feineren Körnung imprägniert ist.

D. Mikrotomie

Abb. 33. Großes Schlittenmikrotom (*Fritz Sartorius*, Rauschenwasser, Kr. Göttingen)

Gefügebilder weicher Metalle mit niedrigen Rekristallisationstemperaturen müssen mit besonderer Vorsicht ausgewertet werden. Die niedrigen Rekristallisationstemperaturen machen es z. B. bei Schadensfällen fast unmöglich, das Gefüge sichtbar zu machen, das vorhanden war, als der Schaden entstand. Selbst dann, wenn ein Schaden ohne Verformung auftritt, sind Deformierungen möglich beim Herausarbeiten der Probe, beim Transport, ja selbst bei der Schliffherstellung. Mit jeder Verformung aber wird der Grundstein für ein neues Gefüge gelegt.

Es wird jedoch manchmal wichtig sein, Fehlstellen, wie Einschlüsse, Lunker, Risse und dgl., sichtbar zu machen. Hierbei leistet ein *Mikrotom* gute Dienste. Abb. 33 zeigt ein großes Schlittenmikrotom. Die Probe wird in den Probentisch eingespannt. Mit einem kräftigen sehr scharfen Messer werden solange dünne Schichten der Oberfläche abgetragen, bis der Fehler freigelegt ist. Das Messer läuft in Führungen, die Schnittstärke ist regulierbar. Im Gegensatz zu der bei der Mikrotomie sonst allgemein üblichen Arbeitsweise wird bei Metallen nicht die abgetrennte feine Folie, sondern die verbliebene Schnittfläche für die Prüfung benutzt.

In Abb. 34 sind durch Mikrotomschnitte freigelegte Risse in einem Bleirohr zu sehen. Man erkennt an diesem Bild zugleich, daß die Spuren des Mikrotommessers bei der Beurteilung der Probe nicht stören. Wie Abb. 35 zeigt, lassen sich solche Mikrotomschnitte auch ätzen. Es handelt sich hier um eine andere Stelle aus demselben Bleirohr. Geätzt wurde (nach ASTM[1] Standards, Part I-B, 1946) mit nachstehendem Ätzmittel:

3 Teile Eisessig,
4 Teile konz. Salpetersäure,
16 Teile Wasser.

Abb. 34. Durch Mikrotomschnitte freigelegte Risse in einem Bleirohr

Abb. 35. Geätzter Mikrotomschnitt aus einem Bleirohr

Diese Lösung darf man nur frisch angesetzt benutzen. Ätztemperatur 40° C, Ätzdauer bis zu 30 Minuten. Graue Schicht nach dem Ätzen mit konz. Salpetersäure abwaschen und Probe unter fließendem Wasser gründlich spülen.

Kleine Proben, die sich nicht in den Probentisch einspannen lassen oder beim Einspannen zu stark beschädigt werden, gießt man auf einem besonderen Proben-

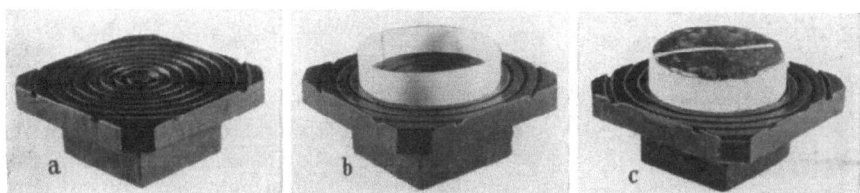

Abb. 36 a—c. Eingießen einer Probe in Paraffin

halter in Paraffin ein (Abb. 36). Je nach Größe der Probe wird in eine der Rillen des Probenhalters ein Streifen aus kräftigem Papier eingesetzt (a u. b in Abb. 36). In diesem Ring wird die Probe aufgebaut und in Paraffin eingegossen. Wenn das Paraffin fest ist, nimmt man den Papierstreifen wieder ab oder schneidet mit einer Rasierklinge etwas von der oberen Kante weg (c in Abb. 36).

---

[1] American Society For Testing Materials

Die Herstellung einwandfreier *Mikroschliffe* aus sehr weichen Metallen auf mechanischem Wege ist eine mühsame und zeitraubende Arbeit. Es kann vorkommen, daß solch ein Schliff mehrere Tage lang von Hand nachpoliert werden muß. Jedem, der solche Arbeiten ausführt, kann nur empfohlen werden, wenn Mikrotomschnitte für seine Zwecke nicht ausreichen, sich mit den Möglichkeiten des elektrolytischen Polierens vertraut zu machen (s. Kap. VI, S. 39).

E. Übersicht über die Schleif- und Poliermittel

In der Tabelle 5 sind die in den vorhergehenden Abschnitten genannten Schleif- und Poliermittel nochmals übersichtlich zusammengestellt. Dabei sei bemerkt, daß Tonerde Nr. 2 nicht verwendet wird, weil der Unterschied zwischen Nr. 1 und Nr. 3 fein genug ist.

Tabelle 5. *Schleif- und Poliermittel*

Schleif- bzw. Poliermittel	Verwendung
Schleifpapier Körnungen 90 N und 220 N	Vorschleifen an der Maschine
Schleifpapier Körnungen 1/0—2/0—3/0—4/0	Feinschleifen von Hand auf Schleifböcken
Wasserfestes Siliziumkarbidpapier Körnungen 220—320—400—600	Feinschleifen auf der Naßschleifanlage
Tonerde Nr. 1 1:9 mit dest. Wasser verdünnt	Polieren auf Filz an der Poliermaschine
Tonerde Nr. 3 1:30 mit dest. Wasser (bei Leichtmetallproben mit Spiritus) verdünnt	Polieren auf Samt an der Poliermaschine
Tonerde Nr. 3 etwa 1:10 mit dest. Wasser (bei Leichtmetallen mit Spiritus) verdünnt	Polieren auf Samt in der Handschale
Diamantpaste 50μ bis 7μ	Vorschleifen und Feinschleifen besonders harter Metalle in der Winterbox I
Diamantpaste 3μ	Vorpolieren auf hartem Tuch in der Winter-Box II
Diamantpaste 1μ und 0,25μ	Fertigpolieren auf weichem Tuch in der Winter-Box II

Abb. 37. Exsikkator zur Aufbewahrung metallographischer Proben

IV. Aufbewahrung der Proben

Schliffe, die sich längere Zeit halten sollen, müssen vor Luftfeuchtigkeit geschützt werden. Dies geschieht vorteilhaft in einem Exsikkator (Abb. 37). In dem unteren Teil dieses Aufbewahrungs-Gefäßes wird wasseranziehendes Kieselgel mit Feuchtigkeitsindikator gefüllt. Frisches dunkelblaues Kieselgel wird heller, wenn es Wasser aufnimmt. Verbrauchtes Kieselgel, dessen blaue Farbe ganz verschwunden ist, kann durch Trocknen in seine ursprüngliche Form zurückgeführt und wieder neu benutzt werden. Die Proben liegen auf einer durchlochten Porzellanplatte. Der Sitz des eingeschliffenen Exsikkator-Deckels muß ab und zu gereinigt und neu gefettet werden.

V. Ätzbeispiele und Ätzmittel

A. Ätzbeispiele — makroskopisch

Alle mit dem Kennwort „Makro" beginnenden metallographischen Bezeichnungen, wie Makroschliff, Makroätzmittel, Makroaufnahme usw., beziehen sich auf Prüfmethoden, bei denen mit geringer Vergrößerung gearbeitet wird. Als obere Grenze der Makroskopie wird allgemein die Vergrößerung 10:1 angegeben. Alles was darüber liegt gehört in das Gebiet der Mikroskopie.

1. Ätzmittel nach ADLER.

Zusammensetzung:

| 3 g Kupferammonium-II-chlorid | 15 g Eisen-III-chlorid |
| 25 ml destilliertes Wasser | 50 ml konz. Salzsäure |

Erst wenn alles gelöst ist, zusammenschütten

Kupferammoniumchlorid und Eisenchlorid werden, wie angeführt, einzeln gelöst. Wenn beide Teillösungen vollständig klar sind, werden sie zusammengegossen und ergeben dann erst das gebrauchsfertige Ätzmittel.

Vorbereitung der Probe: Vorschleifen an der Maschine auf Körnung 90 N und, um 180° gewendet, auf Körnung 240 N. Anschließend den Schliff von Hand in Längsrichtung auf Körnung 1/0 und 2/0 abziehen. Das Drehen um 90° beim Wechseln von einer Schleifpapiersorte zur anderen, wie es bei der Anfertigung von Mikroschliffen nötig ist, kann man sich hier sparen. Es würde ohne sichtbaren Erfolg ein Vielfaches an Arbeitszeit kosten.

Ausführung der Ätzung. Vor dem Ätzen reichlich Wasser über den Schliff laufen lassen. Auf dem nassen Schliff verteilt sich das Ätzmittel schnell und gleichmäßig, wodurch Fleckenbildung vermieden wird. Die Lösung mit einem Wattebausch oder Leinwandläppchen (Ätzzange benutzen!) gründlich auf dem Schliff verreiben. Nicht mit Ätzmittel sparen. Die ganze Schlifffläche muß immer gut bedeckt sein. Wenn alle Einzelheiten klar zu erkennen sind, Ätzung beenden und die Probe gründlich unter fließendem Wasser mit einem Wattebausch abreiben. Porige oder rissige Schliffe anschließend zur Neutralisierung der eingedrungenen Säure in ammoniakalischem Wasser spülen. Ein manchmal auftretender grauer Anflug kann hierbei durch kräftiges Reiben mit einem Wattebausch entfernt werden. Anschließend den Schliff mit Spiritus abspritzen (Polyäthylen-Spritzflasche) und unter dem Föhn trocknen. Dabei die geätzte Fläche solange mit Filterpapier abreiben, bis keine Feuchtigkeit mehr aus Poren oder Rissen dringt. Proben, bei denen diese Trockenmethode nicht ausreicht, längere Zeit in Spiritus legen und ab und zu mit einem Wattebausch abwischen. Schliffe, die aufbewahrt werden sollen, müssen durch einen Metallack-Überzug vor Korrosion geschützt werden. Riß- und porenfreie Proben braucht man nicht so gründlich zu trocknen.

Anwendung: Die ADLER-Lösung ist ein sehr vielseitiges Makroätzmittel für Stahl, Kupfer- und Kupferlegierungen und eignet sich besonders gut zum Ätzen von Schweißnähten, auch an hochlegierten Stählen. Seigerungen, aufgehärtete Zonen, Primärstruktur (Gußgefüge) und Kraftwirkungslinien können sichtbar gemacht werden. Wenn es in erster Linie darauf ankommt, Fließlinien herauszuarbeiten, ist der Fry'schen Ätzung der Vorzug zu geben. Bildtafel III zeigt in den Abbildungen 38 bis 42 einige Beispiele für die Anwendung des Ätzmittels nach ADLER.

Bildtafel III
Ätzbeispiele für das Ätzmittel nach ADLER

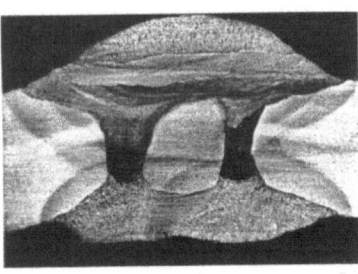

Abb. 38. Fehlerhafte Schweißverbindung: Um Zeit zu sparen hat hier der Schweißer einen Draht eingelegt, der jedoch nur unvollkommen verschweißt wurde

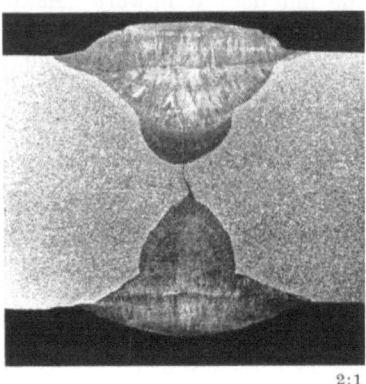

Abb. 39. Mangelhaft verschweißte Bleche aus rostsicherem Stahl: — In der Mitte nicht richtig durchgeschweißt

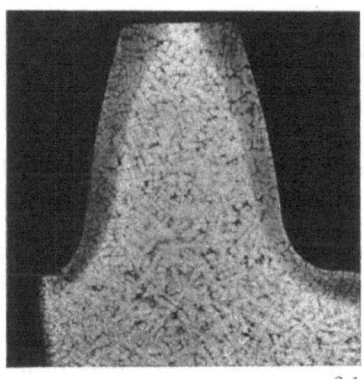

Abb. 40. Oberflächengehärteter Zahn aus einem Zahnkranz mit deutlich ausgeprägter Primärstruktur (Gußgefüge)

Abb. 41. Makroschliff aus einem Flügelende einer Schiffsschraube aus Sondermessing

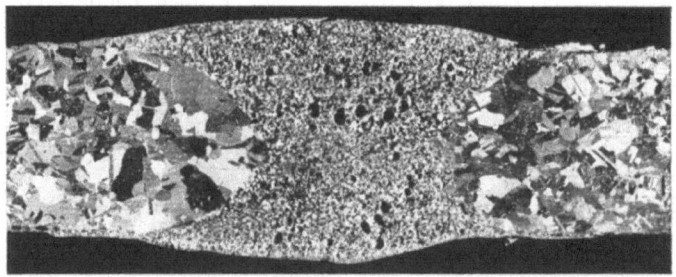

Abb. 42. Schweißverbindung an Kupferblechen

Bildtafel IV
Ätzbeispiele für das Ätzmittel nach OBERHOFFER

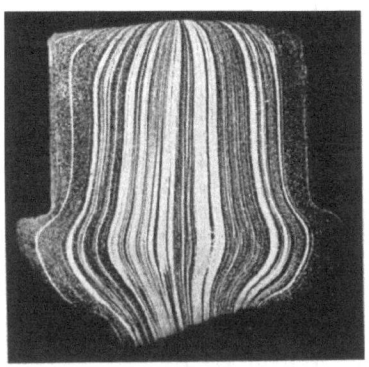

Abb. 43. Faserverlauf im Kopf eines gerissenen Radmutterbolzens

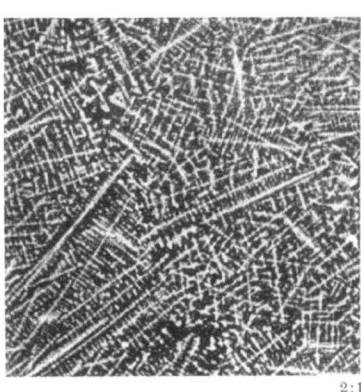

Abb. 44. Dendriten in einer Stahlgußprobe

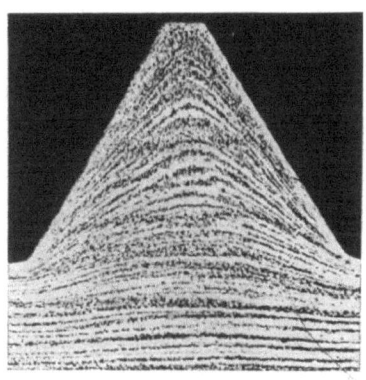

Abb. 45. Faserverlauf in einem gerollten Gewinde

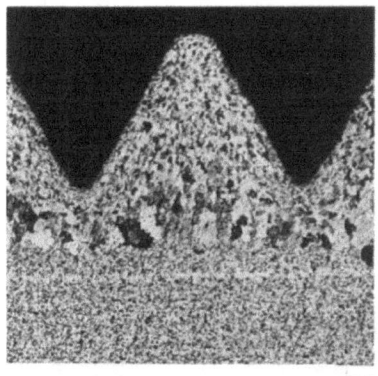

Abb. 46. Gerolltes Gewinde aus kohlenstoffarmem Stahl bei 600 C° rekristallisiert

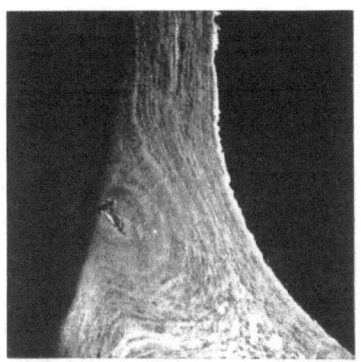

Abb. 47. Anriß in einer Schmiedefalte (Pleuelstange)

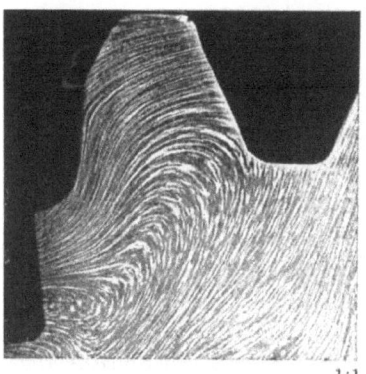

Abb. 48. Faserverlauf in einer Probe aus einem geschmiedetem Tellerrad

2. Ätzmittel nach Oberhoffer

Zusammensetzung:

0,5 g Zinnchlorür	30 g Eisen-III-chlorid	1 g Kupfer-II-chlorid
20 ml konz. Salzsäure	22 ml konz. Salzsäure	280 ml dest. Wasser
20 ml dest. Wasser	200 ml dest. Wasser	
bis zur Lösung kochen		

einzeln lösen

Wenn alles gelöst ist, zusammenschütten und 500 ml Äthylalkohol hinzufügen.

Vorbereitung der Probe: Wie Mikroschliff (s. Abschn. III B)

Ausführung der Ätzung: Der Schliff muß vor dem Ätzen gut getrocknet werden. Die Probe mit der polierten Fläche in die Ätzlösung tauchen und bewegen. Wenn Faserverlauf, Dendriten oder dgl. klar zu erkennen sind, den Schliff erst mit Wasser, dann mit Alkohol abspülen und mit Filterpapier vorsichtig unter dem Föhn trocknen.

Anwendung: In Bildtafel IV, Abb. 43 bis 48, sind einige Anwendungen dieses Verfahrens dargestellt. Auf den unedleren, phosphorhaltigen Stellen des Schliffes bildet sich beim Ätzen eine sehr dünne Kupfer-Schutzschicht. Die ungeschützten reineren Stellen werden deshalb stärker angegriffen. Es können also Phosphorseigerungen, und damit der Faserverlauf, sichtbar gemacht werden. Da sich bei der Abkühlung einer Stahlschmelze die zuletzt erstarrenden Verunreinigungen, darunter Phosphor, zwischen den Dendritenästen ablagern, läßt sich durch diese Ätzung auch die Gußstruktur (Primärstruktur) sichtbar machen. Die Lösung kann aber auch manchmal als grobes Kornflächenätzmittel benutzt werden, wie die auf Bildtafel IV Abb. 44 nach Oberhoffer geätzte Rekristallisationsprobe aus kohlenstoffarmem Stahl zeigt.

3. Tiefätzmittel für Stahl

Zusammensetzung: Konzentrierte Salzsäure im Verhältnis 1:1 mit Wasser verdünnt. Man kann technische Salzsäure und Leitungswasser benutzen.

Vorbereitung der Probe: Am Schmirgelstein oder auf Körnung 90 N grob vorschleifen.

Ausführung der Ätzung: Probe etwa 15 Minuten im Ätzmittel kochen. Wenn nötig kann auch länger geätzt werden. Die Lösung wirkt auch bei niedrigeren Temperaturen oder bei Raumtemperatur. Die Ätzdauer ist dann jedoch wesentlich länger. Das Verfahren bringt unvermeidlich einen Angriff der ganzen Probe mit sich.

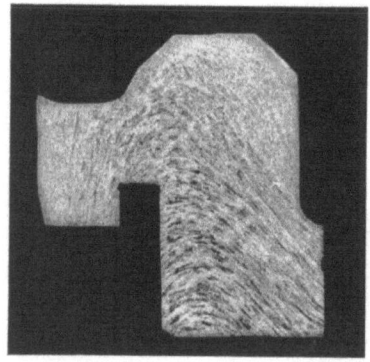

Abb. 49. Durch Tiefätzung sichtbar gemachter Faserverlauf einer Probe aus einem Zahnrad

Nach dem Ätzen wird die Probe zuerst gründlich mit Wasser gewaschen und anschließend kräftig mit Spiritus abgespritzt. Dann wird sorgfältig unter dem Föhn getrocknet. Soll die Probe längere Zeit aufbewahrt werden, muß sie vor dem Trocknen noch mit ammoniakalischem Wasser gespült werden, um eingedrungene

Säure zu neutralisieren. Auch durch Auskochen der Probe in klarem Wasser lassen sich Säurereste beseitigen. Anschließendes Lacken der Probe hält Rost fern.

Anwendung: Seigerungen, Einschlüsse und dgl. werden stärker angegriffen als der Stahl selbst. Diese Ätzung bringt häufig noch ein klares Bild, wenn alle anderen Lösungen versagen (Abb. 49). Auch Poren, Risse, Flocken sowie Faserverlauf und Walzrichtung bei geschmiedeten oder gewalzten Stücken kann man mit diesem Verfahren sichtbar machen. Es muß jedoch, wie schon oben bemerkt wurde, ein starker Angriff der ganzen Probe in Kauf genommen werden.

4. Ätzmittel nach FRY

Zusammensetzung: 100 ml dest. Wasser,
120 ml konz. Salzsäure
90 g Kupfer-II-chlorid

Vorbereitung der Probe: Wie bei dem Ätzmittel nach ADLER (S. 21) beschrieben, jedoch etwas feiner, etwa bis Körnung 4/0.

Ausführung der Ätzung: Ätzmittel mit einem Wattebausch auf der geschliffenen Fläche verreiben. Vor und während des Ätzens *kein* Wasser über die Probe laufen lassen, da sich dadurch sofort ein zäh haftender Kupferniederschlag bilden würde. Wenn die Kraftwirkungslinien klar erscheinen, wird die Ätzung abgebrochen und die Probe zuerst in Salzsäure 1:1 und dann unter fließendem Wasser gespült, anschließend mit Spiritus abgespritzt und unter dem Föhn getrocknet.

Anwendung: Tertiärausscheidungen, vorwiegend Nitride, die sich bei alterungsempfindlichen Stählen allmählich an Stellen ausscheiden, an denen die Fließgrenze im kalten Zustande überschritten wurde, werden durch das Ätzmittel dunkel gefärbt. Dadurch können Kraftwirkungslinien (auch Gleitlinien oder Fließlinien genannt) sichtbar gemacht werden. Bildtafel V zeigt in den Abb. 50 bis 54 verschiedene Beispiele solcher Kraftwirkungslinien, die nicht mit Rissen verwechselt werden dürfen.

Die Frage: „Ist ein Stahl gealtert?" kann durch eine einfache Ätzung beantwortet werden. Wenn keine Fließlinien auftreten, liegt keine Alterung vor. Es kann jedoch vorkommen, daß an stark verformten Stellen sich die Fließlinien so häufen, daß hier die ganze Schlifffläche dunkel angeätzt wird. Deshalb muß schon bei der Probennahme darauf geachtet werden, daß die Probe einer Stelle entnommen wird, an der voraussichtlich verformter Werkstoff in nicht verformten übergeht.

Soll jedoch festgestellt werden, ob ein Stahl *alterungsempfindlich* ist, genügt meist nicht eine einfache Ätzung. Der frisch angelieferte Stahl braucht, selbst wenn er alterungsempfindlich ist, noch nicht gealtert zu sein. Es muß dann ein Kontrollversuch mit künstlicher Alterung durchgeführt werden. Zu diesem Zweck wird ein Stück des Materials kalt verformt, z. B. wie in Abb. 50 durch einen Kugeleindruck. Diese Probe wird auf 200—300° C erwärmt und dadurch „künstlich gealtert". Wenn der Stahl alterungsempfindlich ist, treten dann bereits nach etwa 1 Stunde Ausscheidungen auf, die bei „natürlicher" Alterung, also bei Umgebungstemperatur, erst nach Monaten erscheinen würden.

Umgekehrt läßt sich an alterungsempfindlichen Stählen auch feststellen, ob örtliche Überschreitungen der Fließgrenze vorliegen. Hier muß immer künstlich gealtert werden, um möglichst viel Ausscheidungen in den Fließlinien zu erzeugen. Wenn keine Kraftwirkungslinien auftreten, muß durch den vorher beschriebenen Kontrollversuch erst bewiesen werden, ob der Stahl auch wirklich alterungsempfindlich ist. Erst wenn dieser Versuch positiv ausfällt, kann behauptet werden, daß die Fließgrenze nicht überschritten wurde.

Bildtafel V
Proben aus alterungsempfindlichen Stählen nach FRY geätzt

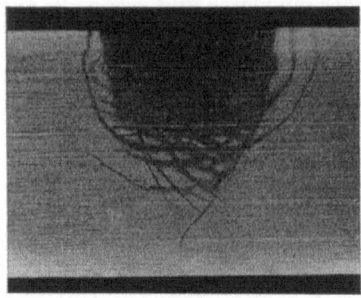

Abb. 50. Kontrollversuch auf Alterungsempfindlichkeit durch einen Kugeleindruck

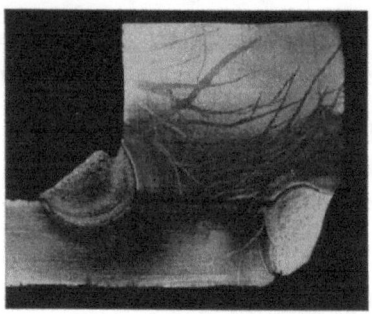

Abb. 51. Durch Schweißspannungen hervorgerufene Kraftwirkungslinien

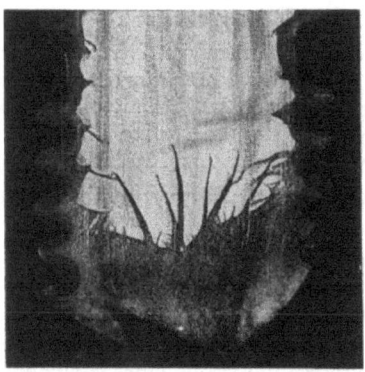

Abb. 52. Durch Überbeanspruchung gerissener Gewindebolzen

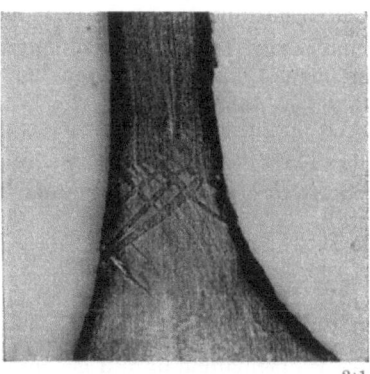

Abb. 53. FRY'sche Ätzung an dem auf Bildtafel IV Abb. 47 nach OBERHOFFER geätztem Pleuel

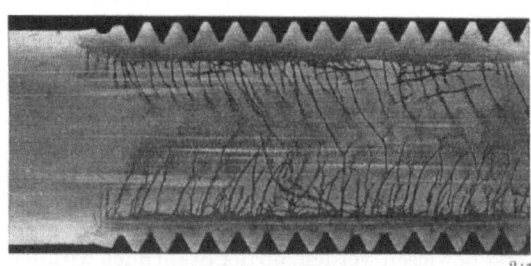

Abb. 54. Kraftwirkungslinien in einem gerollten Gewinde aus kohlenstoffarmem Stahl

Bildtafel VI
Schwefelabdrücke nach BAUMANN

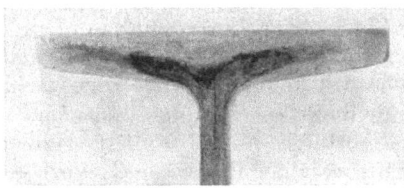

1:5

Abb. 55. Seigerung in einem Träger

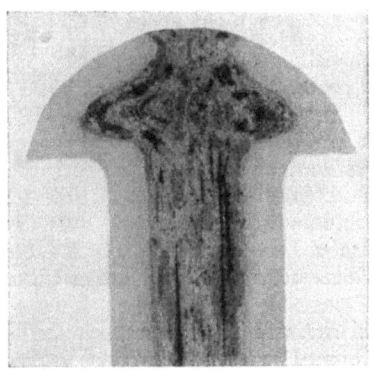

1:1

Abb. 56. Schwefelseigerungen in einem Niet aus unberuhigtem Stahl

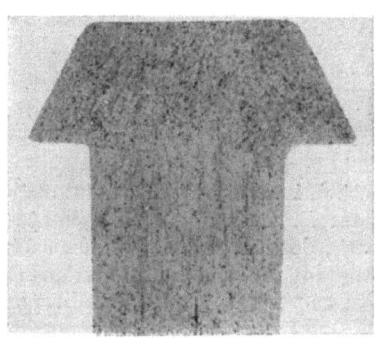

1:1

Abb. 57. Gleichmäßig über den ganzen Querschnitt verteilter Schwefel in einem Niet aus beruhigtem Stahl

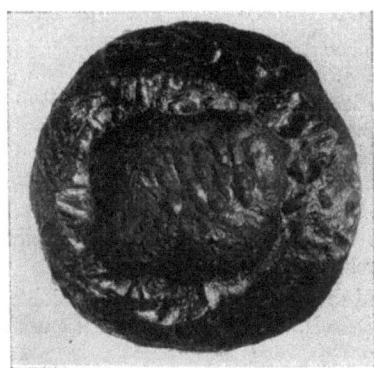

2:1

Abb. 58. In Form der Seigerung (Abb. 61) angefressener Nietkopf

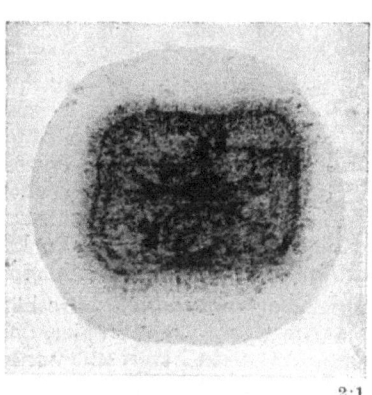

2:1

Abb. 59. Schwefelabdruck von der Rückseite des Nietkopfes (Abb. 60)

5. Schwefelabdruck nach BAUMANN

Zusammensetzung: 5 ml konz. Schwefelsäure,
95 ml dest. Wasser.

Vorbereitung der Probe: Soll nur festgestellt werden, ob beruhigter oder unberuhigter Stahl vorliegt, wird schon eine gefeilte Fläche genügen. Wenn man jedoch einen klaren Abdruck braucht, muß die Probe feiner geschliffen werden. Körnung 240 N liefert schon gute Bilder. Alle in der Bildtafel VI gezeigten Beispiele sind nur bis zu dieser Papiersorte geschliffen worden. Häßliche Ränder auf dem Abdruck können durch Entgraten der Probe bei der Vorbereitung vermieden werden.

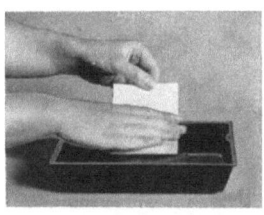

Abb. 60. Abstreifen des Bromsilberpapieres an der Gefäßkante

Die geschliffene Fläche ist vor Verunreinigungen zu schützen und darf vor allem nicht mit den Fingern berührt werden.

Ausführung: Bromsilberpapier (fotografisches Vergrößerungspapier) etwa 5 Minuten in der Schwefelsäurelösung tränken. Da das Papier später nicht entwickelt wird, braucht es vor Licht nicht geschützt zu werden. Man kann also bei Tageslicht oder gewöhnlichem Lampenlicht arbeiten. Nur grelles Sonnenlicht ist zu vermeiden, da sich unter seiner Einwirkung die fotografische Schicht doch etwas verfärbt.

Wenn das Papier aus der Lösung herausgenommen wird, muß die nicht in die Schicht eingedrungene Säure an der Gefäßkante abgestreift werden. Wie aus Abb. 60 ersichtlich ist, zieht man dabei das Papier (Schichtseite nach unten) unter der, mit leichtem Druck auf die Gefäßkante aufgelegten Hand durch. Die Säure ist so schwach, daß sie der Haut nicht schadet. Säurespritzer an Kleidungsstücken zerstören jedoch nach einiger Zeit das Gewebe.

Das so vorbereitete Bromsilberpapier wird nun mit der Schichtseite auf die geschliffene Fläche gelegt, wobei man zuerst mit einer Hand einen Teil des Papieres fest

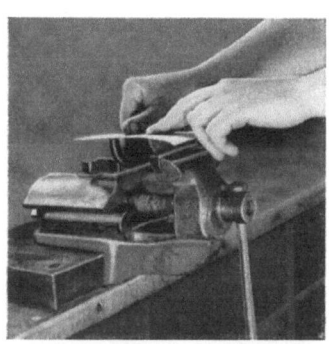

Abb. 61. Anstreichen des Bromsilberpapieres beim Schwefelabdruck

andrückt (Abb. 61). Papier, das nicht in der beschriebenen Weise von überschüssiger Säure befreit wurde, verrutscht in diesem Augenblick besonders leicht. Das Papier muß sofort die richtige Lage haben. Nachrücken verursacht unbrauchbare, verwischte Bilder. Mit der anderen Hand wird das Papier mit leichtem Druck immer wieder angestrichen, damit alle Stellen der Schliffläche gut mit der säuregetränkten Schicht in Berührung kommen. Wenn nach einiger Zeit das Papier genügend fest haftet, kann man es loslassen und an einer anderen Stelle festhalten, damit die bisher festgehaltene Stelle in derselben Weise behandelt werden kann. Bei besonders großen Proben lassen sich manchmal einige hartnäckige Blasen nicht herausstreichen. Sticht

man sie mit einer Stecknadel an, kann das Gas entweichen und das Papier liegt wieder glatt auf. Das kleine Loch ist später kaum zu sehen.

Hochglanzpapier ergibt die schönsten Abdrücke, rutscht jedoch leicht. Mit halbmattem, „normalem" Papier, das sich einfacher handhaben läßt, können auch noch gute Abdrücke hergestellt werden.

Nach 1 bis 2 Minuten wird das Papier abgehoben, gründlich mit Wasser gespült und anschließend etwa 15 Minuten fixiert. Beim Spülen nicht ängstlich sein, sondern den Abdruck kräftig mit der Hand unter Wasser abreiben, damit keine Schmutzteilchen auf der Schicht haften bleiben, die später nach dem Trocknen nicht mehr entfernt werden können. Kein frisch angesetztes Fixierbad benutzen und im alten Fixierbad nicht länger als unbedingt nötig fixieren, da der Abdruck sonst blaß und fleckig wird.

Anwendung: Wenn die mit Säure getränkte Schicht des Bromsilberpapieres auf die geschliffene Fläche aufgelegt wird, reagiert zuerst die Schwefelsäure mit den sulfidischen Einschlüssen des Stahles. Dabei bildet sich Schwefelwasserstoff nach der Gleichung[1]:

$$MnS + H_2SO_4 \longrightarrow MnSO_4 + H_2S$$
$$\text{oder}$$
$$FeS + H_2SO_4 \longrightarrow FeSO_4 + H_2S$$

Der Schwefelwasserstoff reagiert nun seinerseits mit der fotografischen Schicht und so bildet sich Schwefelsilber:

$$H_2S + 2\,AgBr \longrightarrow Ag_2S + 2\,HBr$$

Durch das dunkle *Schwefelsilber* wird das Papier, dem Schwefelgehalt der Probe entsprechend, hellbraun, dunkelbraun oder nahezu schwarz gefärbt. Dadurch ist es möglich, die Verteilung der Sulfide in einem Stahl zu erkennen. Aus sehr dunklen Abdrücken kann auf hohen Schwefelgehalt geschlossen werden, während sehr blasse Abdrücke größere Reinheit anzeigen. Es muß aber abgeraten werden, diese Methode für quantitative Bestimmungen zu benutzen. Selbst wenn alle Versuchsbedingungen vollständig gleich sind, können Legierungselemente oder Verunreinigungen, besonders Phosphor, die Reaktion beeinflussen.

Zur Erläuterung der in Bildtafel VI dargestellten Beispiele sei bemerkt: Bei Konstruktionsteilen aus geseigertem Material ist es wichtig, daß die geseigerte Zone wegen ihrer geringeren Festigkeitseigenschaften nicht an besonders

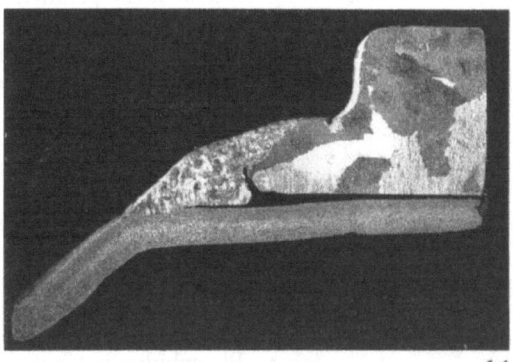

Abb. 62. Makroskopisch geätzte Probe aus einer fehlerhaften Leichtmetall-Schweißverbindung

1:1

beanspruchten Stellen liegt (Abb. 55). Niete für den Schiffbau sollen nicht geseigert sein, sondern den Schwefel gleichmäßig verteilt enthalten (Abb. 56 und 57). Ein geseigertes Niet bildet durch den Potentialunterschied zwischen der am Kopf zu Tage tretenden Seigerung und der reineren Umgebung mit dem Seewasser ein Element, das zur korrosiven Zerstörung des Nietes führt (Abb. 58 und 59).

6. Makroätzmittel für Aluminium und Aluminiumlegierungen

Zusammensetzung: 10 ml konz. Salzsäure,
10 ml konz. Salpetersäure,
10 ml Flußsäure,
2,5 ml Wasser.

Das Ätzmittel muß in einer Hartgummiflasche aufbewahrt werden, da Flußsäure Glas angreift. Es ist außerdem zu empfehlen, Ätzschalen aus Hartgummi zu benutzen.

---

[1] MnS = Mangansulfid, FeS = Eisensulfid, H_2SO_4 = Schwefelsäure, $MnSO_4$ = Mangansulfat, $FeSO_4$ = Eisensulfat, H_2S = Schwefelwasserstoff, AgBr = Bromsilber, Ag_2S = Schwefelsilber, HBr = Bromwasserstoff

Vorbereitung der Probe: Schleifen wie bei dem Ätzmittel nach ADLER beschrieben. Die Papiere müssen jedoch mit Bohnerwachs, Vaseline, Paraffin oder dgl. eingefettet werden, denn es hat sich ergeben, daß sich dann kein Schleifstaub in die Probe eindrückt.

Ausführung der Ätzung: Das Ätzmittel möglichst unter einem Abzug mit einem Wattebausch unter Benutzung einer Ätzzange gründlich auf dem Schliff verreiben. Die Schlifffläche muß dabei ständig mit der Lösung bedeckt sein. Das Ätzmittel reagiert mit dem Probenmaterial unter starker Wärmeentwicklung. Wenn die Hitze so groß wird, daß das Ätzmittel aufzubrausen beginnt, ist die Ätzung beendet.

Anwendung: Universelles Ätzmittel zur makroskopischen Bestimmung der Korngröße grobkörniger Aluminiumbleche, Ermittlung der Walzrichtung und Sichtbarmachung von Schweißnähten (z. B. Abb. 62).

B. Ätzbeispiele — mikroskopisch

1. Stahl und Eisen, unlegiert und niedriglegiert. Ein äußerst vielseitiges Ätzmittel für Stahl und Eisen ist *alkoholische Salpetersäure*:

> 98 ml Äthylalkohol,
> 2 ml konz. Salpetersäure.

Die Zusammensetzung braucht nicht peinlich genau eingehalten zu werden. Es ist zu empfehlen, bei allen Stahl- und Eisenproben erst einmal mit diesem Ätzmittel einen Versuch zu machen, bevor man zu anderen Lösungen übergeht. Beispiele sind die Abb. 64 bis 68 auf Bildtafel VII.

Wenn die Ätzung nicht klar wird, liegt es häufig daran, daß das Ätzmittel verunreinigt oder verwässert ist. Solche unbrauchbar gewordenen Lösungen müssen sofort erneuert werden.

In Fällen, in denen es von Interesse ist, einen Gesamteindruck über die Verteilung besonderer Gefügebestandteile (Karbide, Phosphideutektikum) im Grundgefüge zu erhalten, werden *stärkere Lösungen* angewandt. Bei gußeisernen Kolbenringen wird z. B. häufig geprüft, ob das Phosphideutektikum die gewünschte netzförmige Anordnung hat. Eine Ätzung in 10%iger alkoholischer Salpetersäure greift die Grundmasse so stark an, daß sie unter dem Mikroskop schwarz erscheint und dadurch das nichtangeätzte Phosphidnetz klar hervortritt (Abb. 69, Bildtafel VII).

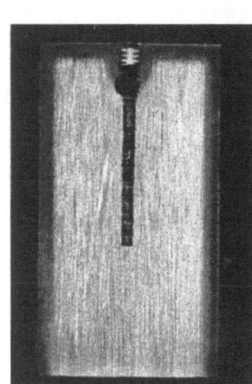

Abb. 63. Einsatzgehärteter Bolzen, geätzt mit 10%iger alkohol. Salpetersäure 1:1

Mit dieser starken Lösung kann man auch makroskopisch die Tiefe gehärteter Schichten bei einsatz- oder oberflächengehärteten Stählen sichtbar machen (Abb. 63) Vorschleifen bis 4/0 genügt. Bruchflächen kann man ohne Vorbereitung unmittelbar anätzen.

2. Hochlegierte Stähle. Besonders die zähen austenitischen Stähle bilden leicht Bearbeitungsschichten, die nur durch langes, abwechselndes Ätzen und Polieren abgetragen werden können. Die Abb. 70a, b und c (Bildtafel VIII) zeigen, wie die Bearbeitungsschicht eines austenitischen Chrom-Nickel-Stahles allmählich verschwindet. Diese Probe wurde mit V2A-Beize geätzt.

V2A-Beize nach GOERENS: 100 ml konz. Salzsäure,
> 100 ml dest. Wasser,
> 10 ml konz. Salpetersäure,
> 0,30 ml Sparbeize.
> Ätztemperatur 50—60° C.

Ätzbeispiele — mikroskopisch

Bildtafel VII
Ätzbeispiele für Stahl und Eisen, niedrig legiert und unlegiert

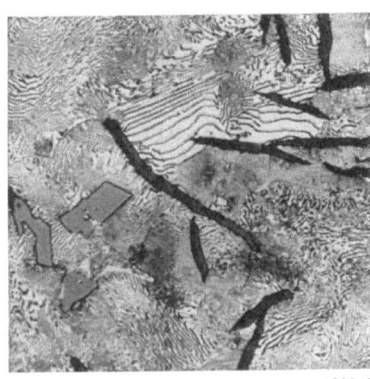

200:1
Abb. 64. Grauguß mit perlitischer Grundmasse
(2%ige alkohol. Salpetersäure)

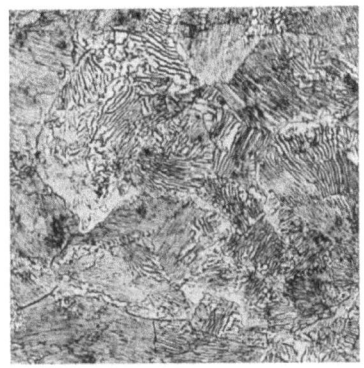

200:1
Abb. 65. Eutektoider Stahl.
(2%ige alkohol. Salpetersäure.)

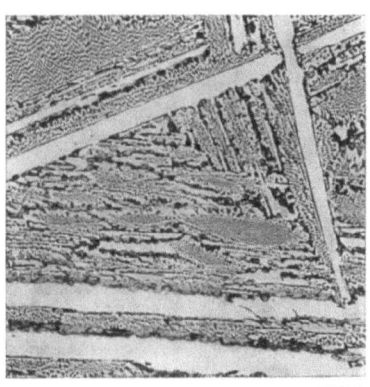

100:1
Abb. 66. Übereutektisches Roheisen
(2%ige alkohol. Salpetersäure)

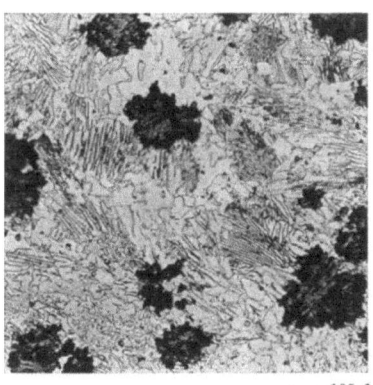

100:1
Abb. 67. Kerngefüge eines weißen Tempergusses
(2%ige alkohol. Salpetersäure)

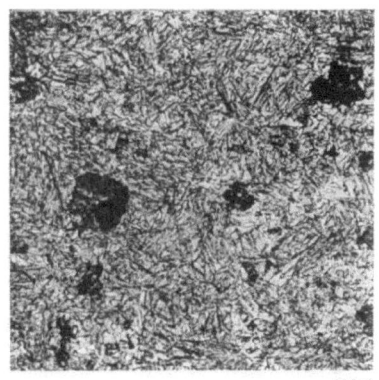

400:1
Abb. 68. Nicht voll gehärteter Si-Stahl (1,7% Si, 0,7% C). Martensit und Troostit
(2%ige alkohol. Salpetersäure)

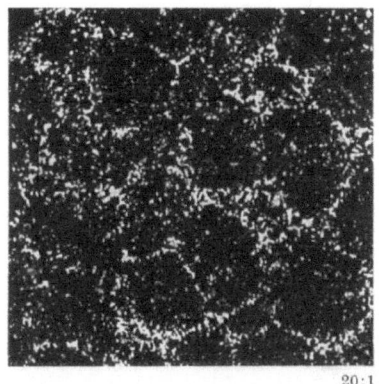

20:1
Abb. 69. Grauguß (Kolbenringguß) mit 10%iger alkoholischer Salpetersäure tiefgeätzt zur Sichtbarmachung des Phosphidnetzes

32 Ätzbeispiele und Ätzmittel

Bildtafel VIII
Ätzbeispiele für hochlegierte Stähle

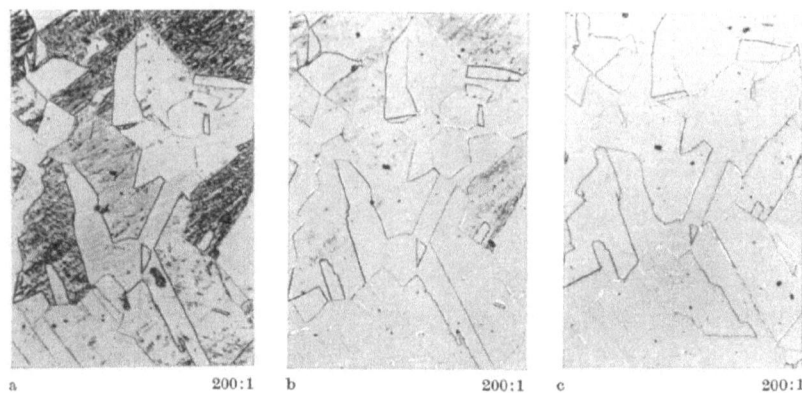

a 200:1   b 200:1   c 200:1

Abb. 70a—c. Allmähliches Abtragen der Bearbeitungsschicht eines austenitischen Cr–Ni-Stahles (18/8) durch abwechselndes Polieren und Ätzen. (Ätzmittel: V2A-Beize)

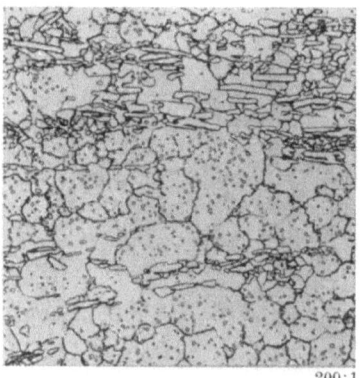 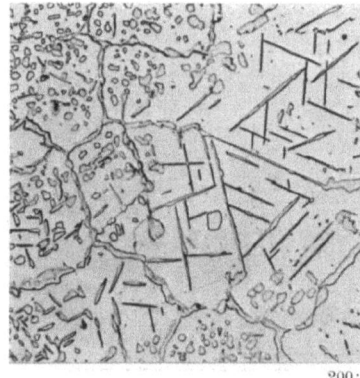

Abb. 71. Überhitzt gehärteter Cr-Stahl (2% C, 12% Cr). Karbide in austenitischer Grundmasse. (Ätzmittel: Königswasser)

Abb. 72. Ausscheidungen in einem austenitischen Cr—Ni-Stahl (0,15% C, 24% Cr, 19% Ni). σ-Phase und Karbide. (Ätzmittel: V 2A-Beize)

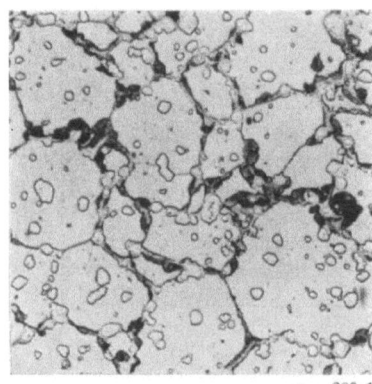 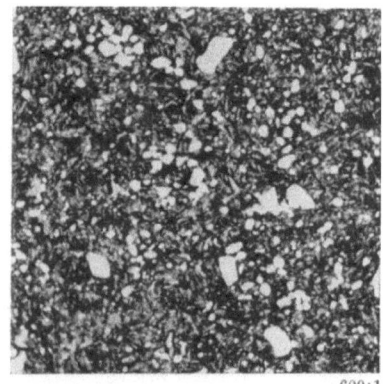

Abb. 73. Überhitzt gehärteter Schnellstahl mit neugebildetem Ledeburiteutektikum an den Korngrenzen. (Ätzmittel 10%ige alkohol. Salpetersäure)

Abb. 74. Schnellstahl gehärtet und angelassen. Karbide in martensitischer Grundmasse. (Ätzmittel: 2%ige alkohol. Salpetersäure)

Für austenitische Mangan-Hartstähle ist die Ätzung nach VILELLA vorteilhafter.
Ätzmittel nach VILELLA: 3 Teile Glyzerin,
1 Teil konz. Salpetersäure,
2 Teile konz. Salzsäure.
Die Säuren nicht miteinander mischen, sondern nacheinander in das Glyzerin schütten. Dieses Ätzmittel mit Vorsicht anwenden, da Gefahr der Nitroglyzerinbildung besteht. Vor Gebrauch frisch ansetzen und fortschütten, sobald es sich braun färbt. Auch klares Ätzmittel nicht längere Zeit aufbewahren. Die Lösung kann auch für hochlegierte Chromstähle benutzt werden.

Ein weiteres Ätzmittel für hochlegierte Stähle ist *Königswasser*[1]:

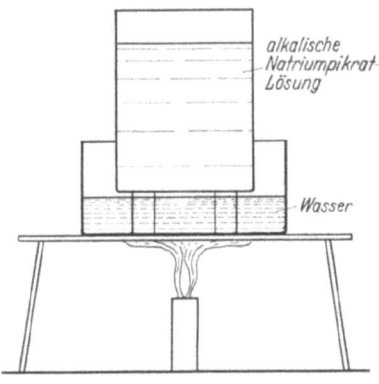

8 ml konz. Salpetersäure,
12 ml konz. Salzsäure,
1000 ml Äthylalkohol.

Wenn der Ätzangriff nicht stark genug ist, Ätzmittel erwärmen oder, wenn nötig, kochen.

Häufig wird auch 10%ige oder sogar schwächere alkoholische Salpetersäure genügen, z. B. wenn sich Karbidnadeln an den Korngrenzen eines Mangan-Hartstahles ausgeschieden haben oder Ledeburit an den Korngrenzen eines gehärteten Schnellstahles (Abb. 73, Bildtafel VIII) auftritt.

Angelassener, rein martensitischer Schnellstahl kann wie unlegierter Stahl mit 2%iger alkoholischer Salpetersäure geätzt werden (Abb. 74, Bildtafel VIII).

Abb. 75. Digerieren[2] der alkalischen Natriumpikratlösung über dem Wasserbade

3. Zementitnachweis. Eine Lösung aus 25 g Natriumhydroxyd in 75 ml Wasser kann aufbewahrt werden. Vor dem Ätzen 100 ml dieser Lösung 2 g Pikrinsäure

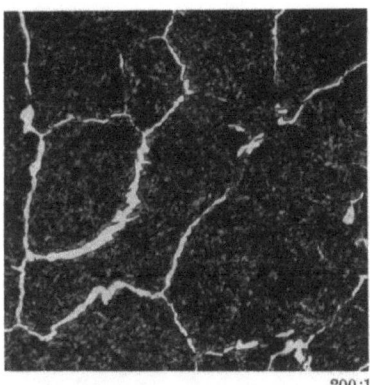

Abb. 76a. Schliff aus der Randzone eines zu stark aufgekohlten gehärteten Einsatzstahles (Zementit in Martensit) (Ätzmittel: 2%ige alkoholische Salpetersäure)

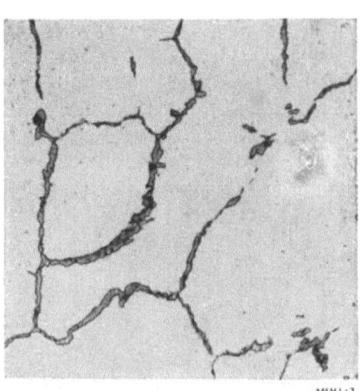

Abb. 76b. Dieselbe Stelle, nochmals poliert und mit alkalischer Natriumpikratlösung geätzt

---

[1] Diese in der Metallographie übliche Bezeichnung darf man nicht verwechseln mit dem sonst bekannten „Königswasser", das aus 3 Teilen Salzsäure und einem Teil Salpetersäure besteht und zum Scheiden von Edelmetallen verwendet wird.

[2] Digerieren (lat. digero = auseinanderbringen) nennt man einen Extraktionsvorgang (lat. extraho = herausziehen), wenn in einfachen Fällen der Lösungsvorgang in einem Mischgefäß zwischen Extraktionsgut und Lösungsmittel sich leicht bewerkstelligen läßt.

Bildtafel IX
Ätzbeispiele für Kupfer- und Kupferlegierungen

Abb. 77. α+β-Messing
(Ätzmittel: Ammonialkalisches Kupferammoniumchlorid)

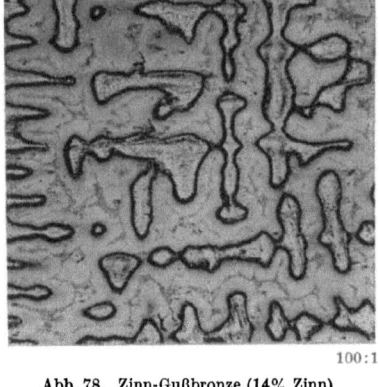

Abb. 78. Zinn-Gußbronze (14% Zinn)
(Ätzmittel: Ammoniakalisches Kupferammoniumchlorid)

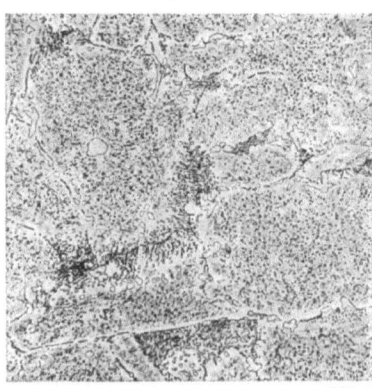

Abb. 79. Aluminium-Mehrstoffbronze (Ätzmittel: Ammoniakalisches Kupferammoniumchlorid)

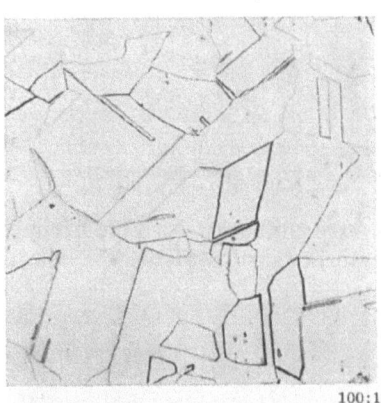

Abb. 80. Korngrenzenätzung an reinem Kupfer.
(Ätzmittel: Wasserstoffsuperoxyd + Ammoniak)

Abb. 81. Kornflächenätzung an α-Messing mit Eisenchlorid

Abb. 82. Walzbronze mit zahlreichen Gleitlinien
(Ätzmittel: Eisenchlorid.)

zusetzen und das Ätzmittel noch 15—30 Minuten über einem Wasserbade kochen (digerieren, Abb. 75).

Um Zementit einwandfrei nachzuweisen, muß man erst die Probe so ätzen, daß alle Gefügebestandteile sichtbar werden (z. B. mit 2%iger alkoholischer Salpetersäure). Von diesem Gefüge wird eine Aufnahme gemacht (Abb. 76a). Dann wird die Ätzung wieder abpoliert und der Schliff 15—20 Minuten in die alkalische Natriumpikratlösung gelegt. Das alkalische Natriumpikrat greift nur den Zementit an und färbt ihn dunkel, die anderen Gefügebestandteile werden nicht angeätzt. Danach muß dieselbe Stelle gesucht und nochmals aufgenommen werden (Abb. 76b).

Gebrauchte Natriumpikratlösung nicht aufbewahren, da das Ätzmittel nur im frisch angesetzten Zustande zuverlässig ist.

4. Kupfer und Kupferlegierungen. Weiche Kupferlegierungen nur mit geringem Druck schleifen, damit die Bearbeitungsschicht möglichst dünn bleibt. Vorpolieren auf Filz mit Vorpolierpaste, anschließend auf der filzbespannten Polierscheibe mit Tonerde Nr. 1 weiterpolieren und auf Samt mit Tonerde Nr. 3 fertigpolieren. Besonders empfindliche Schliffe noch vorsichtig in der Handschale nachpolieren. Zwischenätzen ist nötig. Beim Spülen und Ätzen nicht mit Watte auf der polierten Fläche reiben. Härtere Kupferlegierungen lassen sich mit weniger Aufwand gut bearbeiten.

Für *Korngrenzenätzung* an reinem Kupfer (Abb. 80, Bildtafel IX) eignet sich ein Gemisch von 3%igem Wasserstoffsuperoxyd und Ammoniak im Verhältnis 1:1. Dieses Ätzmittel ist sehr unbeständig und muß für jede Ätzung neu angesetzt werden.

Als besonders vielseitig verwendbares Ätzmittel für Kupferlegierungen ist *ammoniakalisches Kupferammoniumchlorid* zu empfehlen, das man wie folgt ansetzt: 10 g Kupferammoniumchlorid werden in 120 ml dest. Wasser gelöst. Dieser Lösung wird allmählich Ammoniak zugesetzt. Hierbei bildet sich zunächst ein Niederschlag. Es muß solange tropfenweise weiter Ammoniak zugesetzt werden, bis sich dieser Niederschlag löst und die Lösung eine klare dunkelblaue Farbe hat. Da es sich um ein Ätzmittel in wäßriger Lösung handelt, braucht die Probe vor dem Ätzen nicht in Alkohol gespült zu werden. Anwendungsbeispiele sind die Abb. 77 bis 79 auf Bildtafel IX.

Zur Erzielung *starker Kontraste*, besonders bei α-Kristallen, eignet sich ein Eisenchlorid-Ätzmittel folgender Zusammensetzung:

5 g Eisenchlorid,
30 ml Salzsäure,
100 ml dest. Wasser.

Die Abb. 81 und 82 zeigen Anwendungen dieses Ätzmittels.

5. Leichtmetalle. Bei Leichtmetallen besteht beim Schleifen auf Papier immer die Gefahr, daß sich Schleifstaub in die Oberfläche der Probe eindrückt. Wenn es sich um Rein-Aluminium oder weiche Legierungen handelt, kann man dieser Unannehmlichkeit dadurch ausweichen, daß man mit einer scharfen Rasierklinge vorsichtig eine Fläche anschabt und diese geschabte Fläche mit Vorpolierpaste auf Filz vorpoliert. Man kann dann mit diesem Schliff gleich auf die samtbespannte Polierscheibe gehen, auf der man mit Tonerde Nr. 3 poliert, die mit Spiritus verdünnt wird. Der Schliff aus einer *Al-Schweißnaht* in Abb. 83 wurde auf diese Weise hergestellt. Als *Ätzmittel* wurde ½%ige wäßrige Flußsäure benutzt.

Die mittlere *Korngröße* feinkörniger Reinaluminiumbleche kann man mikroskopisch nach einem *Schnellverfahren* bestimmen, das zwar keine idealen Mikrobilder liefert, für diesen Zweck aber vollkommen ausreicht. Das Korn ist trotz der zahlreichen Korrosionsflecken klar zu erkennen. Die Ätzung dauert wenige Minuten.

Dünne Alu-Bleche sind häufig so blank, daß sie schon im Anlieferungszustand geätzt werden können (Abb. 84). Andernfalls genügt eine kurze Politur. Zum Ätzen wird hierbei das bereits Seite 29 beschriebene Makroätzmittel für Aluminium benutzt. Man hält die Blech-

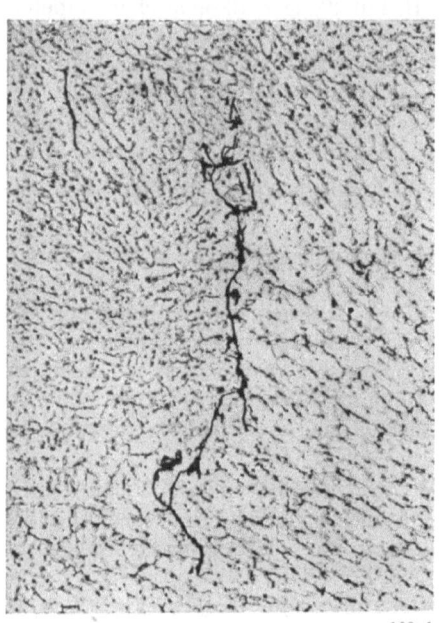

Abb. 83. Oxydhäutchen in einer Aluminium-Schweißnaht (Ätzmittel: ½%ige wäßrige Flußsäure)

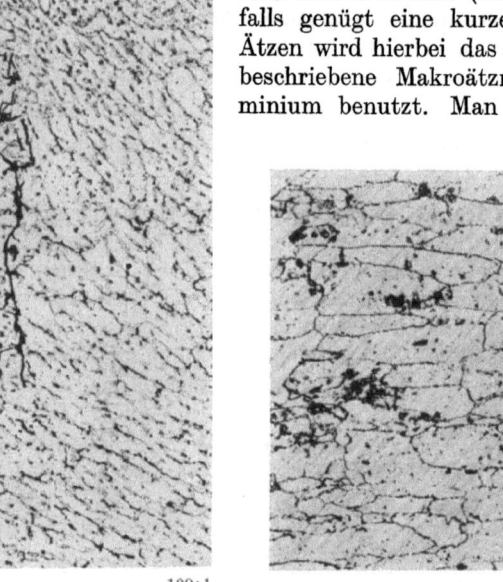

Abb. 84. Probe aus einem Reinaluminiumblech, zur Bestimmung der mittleren Korngröße aus dem Anlieferungszustand nach dem Schnellverfahren geätzt (Ätzmittel s. S. 29)

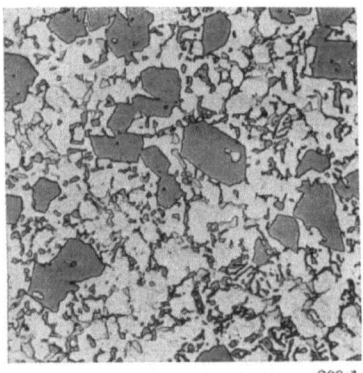

Abb. 85. Aluminium-Silizium-Legierung mit etwa 24% Si (Ätzmittel s. Text)

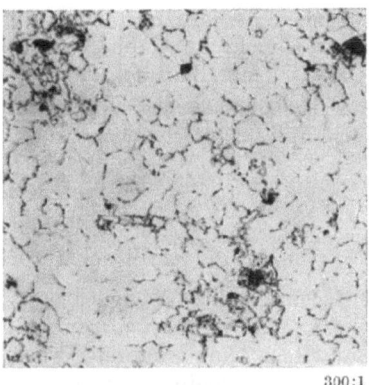

Abb. 86. Mikroschliff einer Magnesium-Aluminium-Legierung (Mg Al 6) (Ätzmittel 2%ige alkohol. Salpetersäure)

probe senkrecht, beginnt am unteren Ende zu ätzen und geht allmählich höher, wobei die bereits angegriffenen Zonen immer wieder mitgeätzt werden müssen. Die Ätzung wird abgebrochen, wenn das untere Ende des Blechstreifens das für makroskopische Betrachtung übliche Aussehen hat. Dadurch entstehen aufeinanderfolgende Zonen unterschiedlichen Ätzangriffes, darunter eine, die sich auch mikroskopisch betrachten läßt, wie das Beispiel in Abb. 84 zeigt.

Das Verfahren ist nicht in jedem Falle erfolgreich. Ein Versuch lohnt sich jedoch immer, bevor man beginnt, mit großer Mühe einen Mikroschliff herzustellen. An sehr grobkörnigen Blechen kann die Korngröße auch makroskopisch bestimmt werden.

Härtere Legierungen, wie z. B. die in Abb. 85 gezeigte Aluminium-Silizium-Legierung, kann man nicht mit der Rasierklinge schaben. Dieser Schliff wurde nach folgender Methode hergestellt: Schleifen bis 4/0 auf eingefetteten Papieren (Paraffin, Vaseline, Bohnerwachs oder dgl.). Vorpolieren auf Filz mit Vorpolierpaste. Feinpolieren auf Samt mit Tonerde Nr. 3 mit Spiritus verdünnt. Ätzen in 10%iger Natronlauge bei 50° C. Spülen erst in 50%iger Schwefelsäure, dann mit Wasser und zuletzt mit Alkohol.

Der Mikroschliff der *Magnesiumlegierung* in Abb. 86 wurde hergestellt wie folgt:

1. Schliffffläche mit einer Rasierklinge angeschabt.

2. Mit Diamantpaste Körnung 3μ auf hartem Tuch vorpoliert.

3. Auf umlaufender Samtscheibe poliert mit Tonerde Nr. 3, verdünnt mit Spiritus.

4. Zwischengeätzt mit 2%iger alkoholischer Salpetersäure.

5. In der Handschale fertigpoliert mit Tonerde Nr. 3, verdünnt mit Spiritus.

6. Mit 2%iger alkoholischer Salpetersäure geätzt.

Um der Probe keine Möglichkeit zu geben, vorzeitig zu oxydieren, wurde auch zum Reinigen der Probe nach dem Polieren und Ätzen Spiritus benutzt.

6. Weißmetalle. Da die harten, kubischen, aus einer Antimon-Zinnverbindung bestehenden Primärkristalle das Gefüge stützen, können Weißmetalle mit einiger Vorsicht wie Stahl geschliffen und poliert werden. Nachpolieren auf Samt mit Tonerde Nr. 3. Ätzmittel 2%ige alkoholische Salpetersäure (Beispiel s. Abb. 87). Wenn der Ätzangriff nicht stark genug ist, können stärkere Konzentrationen benutzt werden.

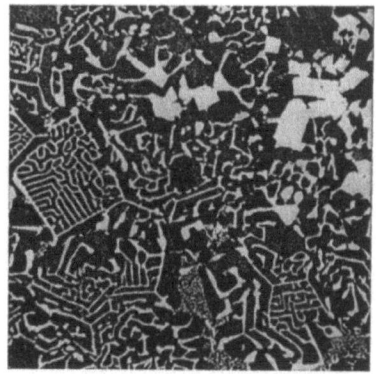

Abb. 87. Weißmetall (Ätzmittel 2%ige alkohol. Salpetersäure, vgl. Text) 100:1

C. Übersicht über die Ätzmittel

Die in den vorhergehenden Abschnitten beschriebenen Ätzmittel sind in der Tabelle 6 nochmal übersichtlich zusammengestellt mit Hinweis auf diejenigen Stellen dieses Buches, an denen sie vorkommen. Ausdrücklich sei bemerkt, daß Ätzmittel häufig nicht durch einfaches Zusammenschütten der verschiedenen Bestandteile hergestellt werden dürfen, vielmehr die in den entsprechenden Abschnitten gegebenen Anweisungen beim *Ansetzen frischer Ätzmittel* genau eingehalten werden müssen.

Ätzbeispiele und Ätzmittel

Tabelle 6. *Ätzmittel.*

Metallographische Bezeichnung	Zusammensetzung	Verwendung	Beschrieben auf Seite	Beispiele
ADLER	3 g Kupferammonium-II-chlorid, 25 ml dest. Wasser, 15 g Eisen-III-chlorid, 50 ml konz. Salzsäure	Makroätzmittel für Stahl, Kupfer und Kupfer-Legierungen, Schweißnähte, Makrogefüge, Einsatzschichten, aufgehärtete Zonen, Seigerungen, Primärgefüge	21	Bildtafel III Abb. 38—42
OBERHOFFER	0,5 g Zinnchloür, 1 g Kupfer-II-chlorid, 30 g Eisen-III-chlorid, 42 ml konz. Salzsäure, 500 ml dest. Wasser, 500 ml Äthylalkohol	Makroätzmittel für Stahl, Seigerungen, Primärgefüge	24	Bildtafel IV Abb. 43—48
Tiefätzmittel für Stahl	1 Teil konz. Salzsäure, 1 Teil Wasser	Makroätzmittel für Stahl. Seigerungen, Einschlüsse, Risse, Flocken, Poren	24	Abb. 49
FRY	100 ml dest. Wasser, 120 ml konz. Salzsäure, 90 g Kupfer-II-chlorid	Makroätzmittel zur Sichtbarmachung von Kraftwirkungslinien in alterungsempfindlichen Stählen	25	Bildtafel V Abb. 50—54
BAUMANN	5 ml konz. Schwefelsäure, 95 ml dest. Wasser	Sichtbarmachung der Schwefelverteilung im Stahl mit Hilfe von photogr. Vergrößerungspapier	28	Bildtafel VI Abb. 55—59
Makroätzmittel für Aluminium und Aluminiumleg.	10 ml konz. Salzsäure, 10 ml konz. Salpetersäure, 10 ml Flußsäure, 2,5 ml Wasser	Schweißnähte und Makrogefüge. Mikroskopische Korngrößenbestimmung im Schnellverfahren	29	Abb. 62 Abb. 84
Alkoholische Salpetersäure 2%ig	98 ml Äthylalkohol, 2 ml Salpetersäure	Mikro-Ätzmittel für Stahl und Eisen unlegiert und niedriglegiert, Weißmetall, Magnesium-Legierungen, bei markensitischem Gefüge auch für hochlegierte Stähle	30	Bildtafel VII Abb. 64—68 Bildtafel VIII Abb. 74 Abb. 86, Abb. 87
Alkoholische Salpetersäure 10%ig	90 ml Äthylalkohol, 10 ml konz. Salpetersäure	Mikroskopisch f. Tiefätzung zur Sichtbarmachung besonderer Gefügebestandteile bei Stahl und Eisen (Karbide, Phosphideutektikum) unlegiert und niedriglegiert. In einzelnen Fällen auch als Mikroätzmittel bei hochlegiert. Stählen. Makroskopisch für Einsatzschichten bzw. Einhärtetiefen	30	Bildtafel VII Abb. 69 Bildtafel VIII Abb. 73 Abb. 32 Abb. 63
V2A-Beize nach GOERENS	100 ml konz. Salzsäure, 100 ml dest. Wasser, 10 ml konz. Salpetersäure, 0,30 ml Sparbeize	Mikroätzmittel für rostsichere Stähle	30	Bildtafel VII Abb. 70 u. 72
Königswasser	8 ml konz. Salpetersäure, 12 ml konz. Salzsäure, 1000 ml Äthylalkohol	Mikroätzmittel für rostsichere und andere hochlegierte Stähle	33	Bildtafel VIII Abb. 71

Tabelle 6. *Ätzmittel* (Fortsetzung.)

Metallographische Bezeichnung	Zusammensetzung	Verwendung	Beschrieben auf Seite	Beispiele
Ätzmittel nach VILELLA	3 Teile Glyzerin, 1 Teil konz. Salpetersäure, 2 Teile konz. Salzsäure	Mikroätzmittel für Manganhartstahl und hochlegierte Chromstähle	33	
Alkalisches Natriumpikrat	25 g Natriumhydroxyd, 75 ml dest. Wasser, 2 g Pikrinsäure	Zementitnachweis	33	Abb. 76
Ammoniakalisches Kupferammoniumchlorid	10 g Kupferammonium-II-chlorid, 120 ml dest. Wasser, Ammoniak bis zur Lösung des Niederschlages	Vielseitiges Mikroätzmittel für Kupferlegierungen	35	Bildtafel IX Abb. 77-79
Eisenchlorid	5 g Eisenchlorid, 30 ml Salzsäure, 100 ml dest. Wasser	Mikroskopisches Kornflächenätzmittel für Kupferlegierungen, besonders kontrastreich bei α-Kristallen.	35	Bildtafel IX Abb. 81 u. 82
Wasserstoffsuperoxyd + Ammoniak	1 Teil 3%iges Wasserstoffsuperoxyd, 1 Teil Ammoniak	Mikroskopisches Korngrenzenätzmittel für Kupfer	35	Bildtafel IX Abb. 80
Flußsäure	0,5 ml Flußsäure, 99,5 ml dest. Wasser	Allgemeine Mikroätzmittel für Aluminiumlegierungen	35	Abb. 83
Natronlauge	10 g Natriumhydroxyd, 90 ml dest. Wasser		37	Abb. 85

VI. Elektrolytisches Polieren und Ätzen

A. Grundlagen, Einrichtungen und Anwendung des elektrolytischen Verfahrens

1. Theoretische Grundlagen. Die Vorgänge beim elektrolytischen Polieren sind noch nicht restlos geklärt. Grundsätzlich stützt man sich auch heute noch auf die von dem französischem Professor P. A. JACQUET 1935 entwickelte Theorie.

Hiernach reagiert eine Probe, die in einer elektrolytischen Zelle als Anode geschaltet wird, mit dem Elektrolyten. Dabei entsteht eine Lösung von Komplexsalzen, die sich als viskoser Film auf die zu polierende Oberfläche legt (viskos, lat., bedeutet zäh, leimartig). Die Fläche, die dieser Polierfilm gegen den Elektrolyten bildet, ist nahezu eben und gibt nicht die Unebenheit der Probenoberfläche wieder. Der elektrische Widerstand dieses Filmes ist dort geringer, wo Unebenheiten der Probenoberfläche hervorstehen und den Film schwächen. Diese Stellen werden daher schneller abgetragen, als die tiefer liegenden, wodurch allmählich die ganze Oberfläche eingeebnet wird (Spitzenwirkung.)

2. Die Stromdichte-Spannungs-Kurve. Zur Aufnahme dieser Kurve müssen möglichst genaue Ablesemöglichkeiten für Volt und Ampere vorhanden sein. Die Probe wird in den Elektrolyten eingebracht und die Spannung von Null anfangend langsam gesteigert, wobei man bei jeder Stufe die für Volt (V) und Ampere (A) abgelesenen Werte notiert.

Trägt man Stromdichte (A/cm^2) und zugehörige Spannungen (V) in ein Koordinatensystem ein, so erhält man Kurven, die bei vielen Elektrolyten die in Abb. 88 gezeigte Form haben. Es handelt sich bei diesem Beispiel um eine Probe aus einem

Feuerbuchsenblech mit 99,5 % Cu. Als *Elektrolyt* wurde *Orthophosphorsäure* der Dichte $\varrho = 1{,}35$ g/ml benutzt. Diese Dichte erhält man, wenn man konzentrierte Orthophosphorsäure ($\varrho = 1{,}7$ g/ml) im Verhältnis 1:1 mit Wasser verdünnt. Als Kathode wurde Kupfer verwendet (vgl. Tabelle 7).

Die Kurve steigt erst gleichmäßig an, Stromdichte und Spannung nehmen proportional zu. Die Probe wird in diesem Bereich angeätzt, wobei etwas Metall in Lösung geht. Bei 1,8 V erreicht die Kurve einen Höhepunkt. Hier beginnt sich der viskose Polierfilm zu bilden. Durch den dadurch größer werdenden Widerstand nimmt die Stromdichte etwas ab. Der Film wird

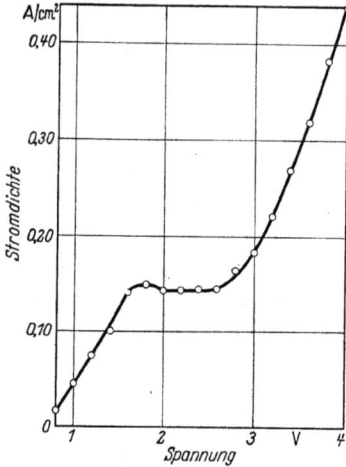

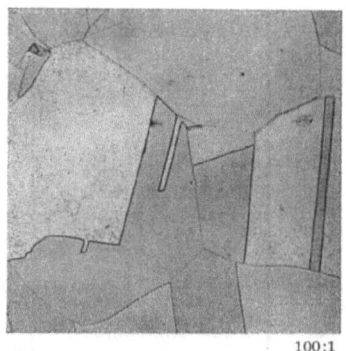

Abb. 88. Ermittlung der günstigsten elektrolytischen Polierbedingungen für eine Probe aus Feuerbuchsenblech (99,5% Cu) durch Aufnahme der Stromdichte-Spannungs-Kurve. Elektrolyt: Orthophosphorsäure (1,35)

Abb. 89. Nach der Kurve Abb. 88 elektrolytisch poliertes und geätztes Feuerbuchsenblech (99,5% Cu). Poliert wurde im waagerechten Teil der Kurve, geätzt im ersten ansteigenden Teil

beständig. Während die Spannung weiter steigt, bleibt die Stromdichte jetzt eine Zeitlang gleich. In diesem Bereich wird die Probe poliert. Bei etwa 2,6 V beginnt die Kurve wieder zu steigen. Gerät man beim Polieren in dieses Gebiet, so setzt Blasenbildung ein, wodurch der Polierfilm unterbrochen und die Oberfläche zerstört wird.

Setzt man die Spannungserhöhung weiter fort, so steigt die Stromdichte bei immer geringer werdender Spannungszunahme immer schneller an. Die Kurve wird allmählich steiler und die Gasbildung heftiger, bis ein Punkt erreicht wird, bei dem die Bläschen nicht mehr an der Oberfläche haften bleiben. Von diesem Punkt an kann wieder poliert werden.

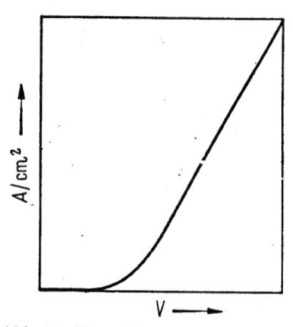

Abb. 90. Stromdichte-Spannungskurve eines Elektrolyten mit großem Polierbereich. (Nach J. L. WAISMAN)

Wenn im waagerechten Teil der Kurve poliert wird, ist es wichtig, auf die Badspannung zu achten. Da hier die Stromdichte längere Zeit gleich bleibt, weiß man sonst nicht, an welcher Stelle der Kurve man sich befindet und kann so leicht in das Gebiet der schädlichen Blasenbildung geraten.

Wenn man im oberen, wieder ansteigenden Teil poliert, braucht man nur die Stromstärke zu messen, da die Spannung wesentlich langsamer zunimmt als die Stromdichte. Nur so ist auch hier die Gewähr gegeben, daß man genügend weit vom gefährlichen Gebiet der Kurve weg ist.

Perchlorsäure-Elektrolyten ergeben meist einen einfacheren Kurvenzug und zwar eine mit einer leichten Krümmung beginnende, stetig ansteigende gerade Linie.

Bei niedrigen Spannungen fließt kein Strom und der Polierfilm bildet sich. In diesem Teil wird die Probe angeätzt. Bei höheren Spannungen beginnt Strom zu fließen und die Probe wird poliert.

Diese Möglichkeit, über einen großen Bereich einwandfrei zu polieren, ist ein Grund dafür, daß Perchlorsäure-Elektrolyten sehr häufig angewendet werden, obgleich sie bei unsachgemäßer Behandlung gefährlich sind (s. S. 45).

3. Vorrichtungen zum elektrolytischen Polieren und Ätzen. Die benötigten Anlagen können je nach der Art der anfallenden Arbeit ganz verschieden sein. Viele

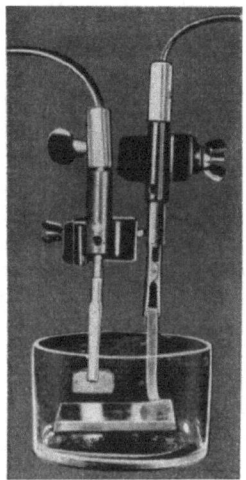  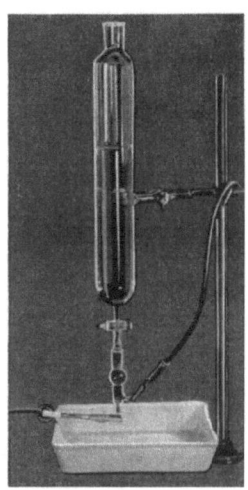

Abb. 91. Einfache Zellenanordnung

Abb. 92. Zellenanordnung mit Rührwerk und Kühlvorrichtung

Abb. 93. Ausflußpipette

Abb. 91—93. Verschiedene Anordnungen zum elektrolytischen Polieren

Proben lassen sich schon in einer einfachen elektrolytischen Zelle, wie der in Abb. 91 gezeigten, polieren. Auf den Boden des Gefäßes, das den Elektrolyten enthält, wird die Kathode gelegt, die mindestens die zehnfache Größe der zu polierenden Fläche haben soll. Darüber wird die Probe als Anode mit der vorgeschliffenen Seite nach unten in den Elektrolyten getaucht. Manchmal wird eine andere Anordnung vorteilhafter sein. Will man z. B. eine Probe aus dünnem Blech auf beiden Seiten polieren, so benutzt man als Kathode ein Blech, das man so biegt, daß es die Probe vollständig umgibt, oder man stellt das ganze Gefäß aus dem Kathodenmaterial her.

In einer einfachen elektrolytischen Zelle wurde das in Abb. 94 gezeigte Neusilberblech ohne weitere Vorbehandlung unmittelbar aus dem Anlieferungszustand poliert und geätzt. Als Kathode wurde ein größeres Stück desselben Bleches benutzt. Poliert wurde mit einem Elektrolyten aus 2 Teilen Methylalkohol, 1 Teil konz. Salpetersäure (35—40 V; 5—10 sec). Mit diesem Elektrolyten konnte nicht geätzt werden. Für die Ätzung wurde deshalb ein anderer Elektrolyt in derselben

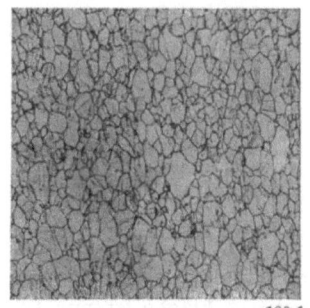

Abb. 94. Neusilberblech, unmittelbar aus dem Anlieferungszustand in einfacher Zellenanordnung (Abb. 91) elektrolytisch poliert und geätzt (Elektrolyten s. Text)

Zellenanordnung benutzt und zwar: 10 Teile konz. Salpetersäure, 5 Teile Eisessig, 85 Teile dest. Wasser, (1,5 V; 20—60 sec).

Wenn Proben aus gleichem Material in großen Mengen poliert werden sollen, kann man sogar auf Meßinstrumente verzichten. Die günstigsten Polier- und Ätzbedingungen bestimmt man, wenn noch unbekannt, durch Aufnahme der Stromdichte-Spannungskurve. Diese Werte werden einmalig fest eingestellt, wobei allerdings beachtet werden muß, daß diese Einstellung nur dann stimmt, wenn alle anderen Bedingungen, besonders die Größe der zu polierenden Fläche, gleich bleiben.

Abb. 95. Mikropol der Fa. STRUERS (*Dujardin*)

Je unterschiedlicher die anfallenden Proben sind, desto vielseitiger muß die Anlage sein. Dies wird erreicht durch Benutzung eines Rührwerkes, Ablesemöglichkeiten für V und A sowie einer Kühlvorrichtung für Elektrolyten, die sich bei der Benutzung stärker erwärmen. Es muß nicht nur gekühlt werden, um die Temperatur brennbarer Elektrolyten unter dem Flammpunkt zu halten. Temperaturerhöhungen können auch die Poliereigenschaften des Elektrolyten verändern.

Bei der in Abb. 93 gezeigten Ausflußpipette (zuerst erprobt von Dr. KNUTH-WINTERFELDT) bleibt infolge der unveränderlichen Größe der Ausflußöffnung die polierte Fläche gleich groß, ohne Rücksicht auf die Größe der Probe. Man kann also die einmal ermittelten Werte immer anwenden. Die Kathode ist in der Pipette angebracht, die auf die als Anode geschaltete Probe aufgesetzt wird. Durch das Ausflußverfahren wird zugleich für genügende Bewegung des Elektrolyten gesorgt. Ein im Handel erhältliches Gerät, das nach diesem Verfahren arbeitet, ist das in Abb. 95 gezeigte Mikropol der dänischen Firma STRUERS.

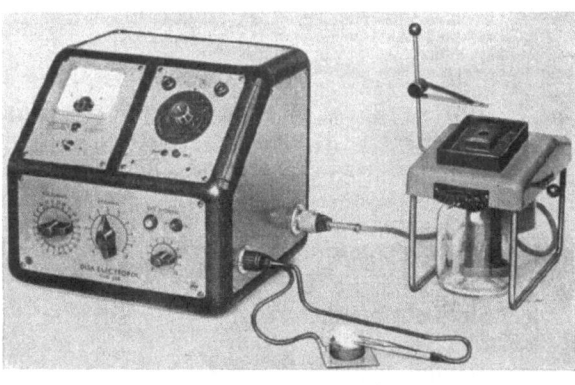

Abb. 96. Disa-Elektropol nach Dr. KNUTH-WINTERFELDT (Firmen *Struers - Dujardin*)

Dieses Gerät eignet sich auch zur zerstörungsfreien metallographischen Untersuchung von Fertigteilen. Die polierte Fläche ist nur 1,5 mm² groß.

Ein größeres Gerät desselben Herstellers, das nach dem Prinzip der elektrolytischen Zelle arbeitet, ist das in Abb. 96 gezeigte „Disa-Elektropol". Die Elektrolysekammer ist von der Schalteinrichtung getrennt, wodurch eine Verschmutzung der Instrumente durch überfließenden oder brennenden Elektrolyten vermieden wird. Elektrolytenbrände kann man leicht mit einem dicken Tuch ersticken, das man immer bereit halten sollte. Der Elektrolyt wird in einen schnell auswechsel-

Grundlagen, Einrichtungen und Anwendung des elektrolytischen Verfahrens 43

baren Glasbehälter gefüllt und durch eine Pumpe bewegt. Durch die umfangreiche Schaltvorrichtung sind alle Einstellungen für die verschiedensten Elektrolyten möglich.

Ein anderes, ebenfalls weitgehend durchkonstruiertes Gerät ist der in Abb. 98 gezeigte BUEHLER-WAISMANN Elektropolierer der amerikanischen Firma ,,BUEHLER LTD".

4. Vorbereitung der Proben. Es ist zwar möglich, Proben, die für eine mechanische Politur viel zu grob vorgeschliffen sind, elektrolytisch zu polieren. Die praktische Erfahrung hat jedoch gezeigt, daß es vorteilhafter ist, feiner vorzuschleifen. Um tiefe Schleifspuren zu beseitigen, muß man die Probe länger elektrolytisch polieren und erhält dadurch starkes Relief. Ein feiner Vorschliff verkürzt die Polierzeit und verhindert dadurch ganz oder teilweise unangenehme Begleiterscheinungen, wie Korrosionsflecken, herausgelöste Einschlüsse und dgl.

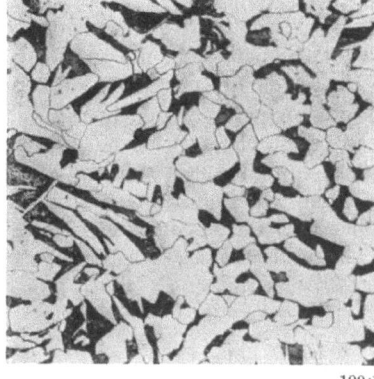

Abb. 97. Mit dem Disa-Elektropol (Abb. 96) polierte und geätzte Probe eines Kohlenstoffstahles. Benutzt wurde der handelsübliche Elektrolyt A 2 nach Dr. KNUTH-WINTERFELDT. Vorgeschliffen auf der Naßschleifanlage nach LUNN (Abb. 19) bis Körnung 600. Bei 1,7 A/cm² 15 sek poliert und bei 0,05 A/cm² 4 sec geätzt

5. Anwendung des Verfahrens. Besonders vorteilhaft lassen sich elektrolytisch alle Metalle polieren, die aus *einer* Kristallart — reine Kristalle oder Mischkristalle — bestehen. Wenn verschiedene Kristallarten auftreten oder die Probe Karbide, nichtmetallische Einschlüsse und dgl. enthält, können Schwierigkeiten entstehen.

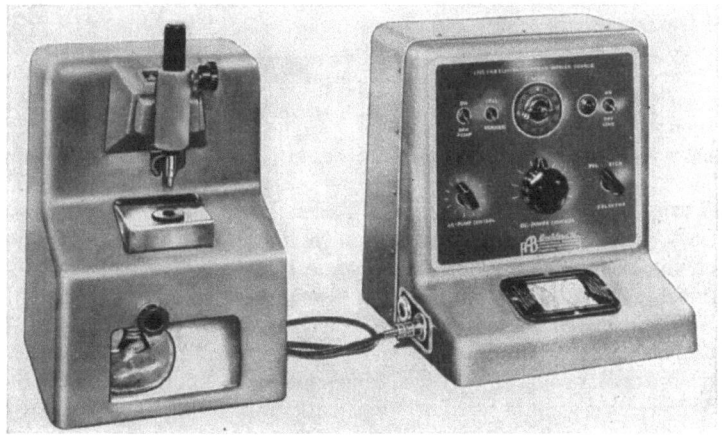

Abb. 98. AB-Elektropoliergerät (Firmen *Buehler-Wirtz*)

Unangenehm können Korrosionsflecken sein, wie sie oft bei austenitischen Stählen mit freien Karbiden oder sehr kohlenstoffarmen unlegierten Stählen auftreten. Nichtmetallische Einschlüsse werden manchmal herausgelöst oder bekommen dunkle Säume, die sie größer erscheinen lassen, als sie wirklich sind. In solchen Fällen wird häufig das *Mischpolieren* vorgeschlagen. Hierbei wird ein Elektrolyt benutzt, der zwar die Grundmasse poliert, aber Graphitlamellen, Schlacken oder andere Gefügebestandteile nicht angreift. Die nicht abgetragenen Teile ragen dann etwas aus der polierten Fläche heraus und müssen vorsichtig (Handschale) auf dieselbe Ebene herunterpoliert werden.

Wenn man viele verschiedenartige Proben zu bearbeiten hat, die mechanisch leicht zu polieren sind, ist das elektrolytische Polieren kaum noch lohnend oder sogar unwirtschaftlicher als das mechanische Verfahren. Unterschiedliche Proben, wie z. B. Gußeisen, unlegierter Stahl, legierter Stahl, Stahlguß, Temperguß usw., können alle auf derselben Filzscheibe mit derselben Tonerde poliert werden. Beim Elektropolieren würden bei diesen Proben verschiedene Arbeitsbedingungen nötig sein, die nicht nur von der rein chemischen Zusammensetzung der Proben sondern auch vom Gefügezustand abhängig sind.

Der augenblickliche Stand ist etwa so, daß das elektrolytische Verfahren bei Massenarbeit der mechanischen Methode fast immer an Schnelligkeit überlegen ist. Die Qualität eines, allerdings mit viel mehr Mühe, sorgfältig hergestellten Handschliffes wird jedoch häufig mit der elektrolytischen Methode nicht erreicht. Bei weichen, homogenen Metallen ist das Elektropolieren immer vorteilhafter.

Die mechanische Methode wird kaum von der elektrolytischen verdrängt werden, vielmehr wird die Entwicklung wohl dahin führen, daß beide Verfahren gleichwertig nebeneinander bestehen bleiben. Die Art der anfallenden Arbeit wird dann entscheiden, welchem Verfahren der Vorzug zu geben ist. Vielfach werden auch beide Methoden vereinigt, indem man z. B. mechanisch vorpoliert und elektrolytisch nachpoliert oder umgekehrt (Mischpolieren, s. o.).

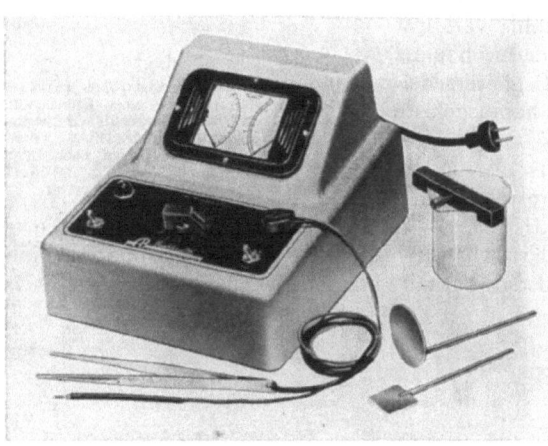

Abb. 99. Orig.-BUEHLER AB-Micromet Sekundär-Ätzgerät (*Wirtz*)

6. Elektrolytisches Ätzen. In vielen Fällen kann mit der Polierlösung auch elektrolytisch geätzt werden, indem man einfach die Stromdichte herabsetzt. Eignet sich die Lösung nicht zum Ätzen, muß man den Elektrolyten auswechseln oder chemisch ätzen. Durch Benutzung einer sog. Sekundärätzeinrichtung, die mit den handelsüblichen Poliergeräten geliefert wird, kann man das lästige Wechseln des Elektrolyten sparen und gleich nach dem Polieren außerhalb des Gerätes elektrolytisch ätzen (Abb. 99). Diese Einrichtungen können auch zum elektrolytischen Polieren verwendet werden, wenn außergewöhnlich niedrige Stromdichten erforderlich sind.

B. Elektrolyten für metallographische Zwecke

Ein Elektrolyt besteht im allgemeinen aus einer Säure (Salpetersäure, Phosphorsäure, Überchlorsäure), die mit einer ionisierenden Flüssigkeit (Wasser, Alkohol, Essigsäure) verdünnt wird. Um zu heftige Reaktionen und den damit verbundenen ungleichmäßigen Angriff der Probe etwas abzubremsen, werden manchmal Hemmstoffe (Glyzerin, Butylglycol, Sparbeize, Harnstoff) zugesetzt.

Vorsicht!

Elektrolyten auf Perchlor-Basis (Überchlorsäure mit Essigsäureanhydrid bzw. Äthylalkohol oder Äther) sind explosiv. Wer keine gründliche Erfahrung im Umgang mit Perchlorsäure besitzt, sollte das Ansetzen solcher Elektrolyten einem erfahrenen Chemiker überlassen oder handelsübliche Elektrolyten kaufen.

Besonders sorgfältig müssen Lösungen gemischt werden, die Überchlorsäure und Essigsäureanhydrid enthalten. Das Anhydrid darf der Perchlorsäure nur tropfenweise und nicht schneller als 1 Tropfen in 10 sek zugefügt werden. Das Bad muß hierbei gründlich gekühlt werden, damit die Temperatur auf keinen Fall 24° C erreicht.

Die Explosionsgefahr steigt mit der Konzentration, das heißt mit der Menge Perchlorsäure, die in einem Elektrolyten enthalten ist. Auf keinen Fall darf ein Elektrolyt mehr als 40% Perchlorsäure der Dichte 1,62 enthalten.

Organische Stoffe, wie hölzerne Tischplatten, Kleidungsstücke, Kunststoffschläuche oder schalen usw. dürfen nicht mit solchen Lösungen in Berührung kommen. Proben, die mit Perchlorsäureelektrolyten poliert werden sollen, dürfen deshalb auch nicht in synthetische Massen (Plexiglas, Bakelit usw.) eingebettet werden. Auch Einbettung in Wismut oder wismuthaltige Legierungen ist gefährlich.

Die im Handel erhältlichen Perchlorsäure-Elektrolyten haben eine so geringe Konzentration, daß sie bei vernünftiger Handhabung ungefährlich sind. Man darf jedoch auch hier nicht zu leichtfertig sein und dem Elektrolyten Gelegenheit geben, seine Konzentration zu ändern, z. B. durch übermäßig starkes Eintrocknen.

Zu den nachstehenden Tabellen 7 und 8 über Elektrolyten muß bemerkt werden, daß Angaben bei in der Literatur erwähnten Elektrolyten nur Richtwerte sein können.

Eine alle Möglichkeiten berücksichtigende Aufstellung von Elektrolyten für alle Metalle und ihre Legierungen könnte Bände füllen.

Wenn der erste mit den Richtwerten gemachte Versuch erfolglos ist, kann oft schon einfaches Probieren zum Ziel führen, da die Werte häufig dicht beieinander liegen. Notfalls müssen die genauen Polier- und Ätzbedingungen durch Aufnahme der Stromdichte-Spannungskurve ermittelt werden.

Tabelle 7. *Elektrolyten zum Polieren*[1]. (Perchlorsäure-Elektrolyten, die mit besonderer Vorsicht anzuwenden sind, sind mit einem * gekennzeichnet)

Metall	Zusammensetzung des Elektrolyten	°C	A/cm²	V	Zeit	Kathode	Bemerkungen
Aluminium	7 Teile Perchlorsäure * 13 Teile Essigsäureanhydrid	24	0,01—0,02	22—25	3—4 Min.	Rostsicherer Stahl	Rühren! Am wirksamsten, wenn 1 g/l Al gelöst ist
Aluminium	1 Teil Perchlorsäure (20%) * 4 Teile Äthylalkohol	24	1—4	30—80	10—60 Sek.	Rostsicherer Stahl	Rühren zur Vermeidung von Überhitzung. Gut für Legierungen, die nicht mehr als 2% Si enthalten
Aluminium	1 Teil konz. Salpetersäure 2 Teile Methylalkohol	24	1,0—2,8	4—7	20—60 Sek.	Rostsicherer Stahl	Reagenzien vorsichtig mischen Auch für Al-Legierungen brauchbar
Beryllium	3 Teile Orthophosphorsäure 1 Teil Chromsäure	82	2,5		60 Sek.	Blei oder Graphit	Unter einem Abzug benutzen
Blei	41 Teile Perchlorsäure * 151 Teile Essigsäureanhydrid 8 Teile dest. Wasser	24	0,1	110	15 Min.	Kupfer	Erfolg nicht sicher
Blei und Blei-Legierungen	1 Teil Perchlorsäure (20%) * 4 Teile Äthylalkohol	38 max	2—3	18—25	10 Sek	Rostsicherer Stahl	Für reines Blei (99,99%) Gefährlich bei Überhitzung
			3,0—7,5	15—28	10 Sek.	Rostsicherer Stahl	Blei mit 2% Zinn
			4,0—7,5	24—35	10 Sek.	Rostsicherer Stahl	Blei mit 5% Zinn
			1,5	12	10 Sek.	Rostsicherer Stahl	Blei mit 40% Zinn
			3—4	25—35	10 Sek.	Rostsicherer Stahl	33% Pb, 50% Sn, 17% Cd
			2,5		45—60 Sek. In Abschnitten zu 20 Sek.	Rostsicherer Stahl	Blei mit 1% Zinn und 1% Antimon
Bronze	2 Teile Orthophosphorsäure 1 Teil dest. Wasser	21—24	0,8	10—20	10—20 Sek.	Rostsicherer Stahl	
Bronze	67 Teile Orthophosphorsäure 10 Teile konz. Schwefelsäure 23 Teile dest. Wasser	24	0,1	2,0—2,2	15 Min.	Kupfer	Für Bronze bis 6% Zinn

[1] Tabelle 7 und 8 werden wiedergegeben nach einer Veröffentlichung des „ASM Committee on Metallographie" In der Zeitschrift „Metal Progress" Juli 1954

Elektrolyten für metallographische Zwecke

Metall	Zusammensetzung des Elektrolyten	°C	A/cm²	V	Zeit	Kathode	Bemerkungen
Bronze	47 Teile Orthophosphorsäure 20 Teile konz. Schwefelsäure 33 Teile dest. Wasser	24	0,1	2,0—2,2	15 Min.	Kupfer	Für Bronze mit mehr als 6% Zinn
Chrom	1 Teil Perchlorsäure * 20 Teile Eisessig	24	0,15—0,20	45	3—4 Min.	Rostsicherer Stahl	
Kadmium	45 Teile Orthophosphorsäure 55 Teile dest. Wasser	24	0,05	2	30 Min.	Nickel	
Kobalt	Orthophosphorsäure	24		1,2	3—5 Min.	Rostsicherer Stahl	Bad nicht bewegen
Kupfer	82,5 Teile Orthophosphorsäure 17,5 Teile dest. Wasser	24	0,05—0,10	1,0—1,6	10—40 Min.	Kupfer	
Kupfer	3 bis 4 Teile Orthophosphorsäure 6 bis 7 Teile dest. Wasser	16—27	0,06—0,08	1,5—1,8	10—15 Min.	Kupfer	Auch für Legierungen mit Ausnahme von Zinnbronzen
Magnesium	3 Teile Orthophosphorsäure 5 Teile Äthylalkohol (96%)	24	0,01	1,5	3—5 Min.	Rostsicherer Stahl	
Magnesium	1 Teil Salzsäure 9 Teile Äthylenglykolmonoäthylester	2 max		50—60	10—30 Sek.	Rostsicherer Stahl	Bad muß gekühlt und gerührt werden
Magnesium	50 Teile Perchlorsäure * 140 Teile dest. Wasser 760 Teile Äthylalkohol	24	0,6—0,9		60 Sek.	Nickel	
Messing	3 Teile Orthophosphorsäure 5 Teile dest. Wasser	16—27	0,13—0,15	1,9	10—15 Min.	Kupfer	Für α-Messing
Messing	4 Teile Orthophosphorsäure 6 Teile dest. Wasser	16—27	0,09—0,11	1,9	10—15 Min.	Kupfer	Für α + β - Messing. Nicht geeignet für bleihaltige Legierungen.
Molybdän	1 Teil konz. Schwefelsäure 4 Teile dest. Wasser	52		3—9	25—35 Sek.	Rostsicherer Stahl	Für gesintertes Molybdän

Metall	Zusammensetzung des Elektrolyten	°C	A/cm²	V	Zeit	Kathode	Bemerkungen
Molybdän	5 Teile konz. Salzsäure 2 Teile konz. Schwefelsäure 15 Teile Methylalkohol	25 max		19—35	25—35 Sek.	Rostsicherer Stahl	Reagenzien vorsichtig mischen. Geeignet für gesintertes und gegossenes Molybdän. Im Eisbad kühlen! Verunreinigung mit Wasser vermeiden!
Molybdän	1 Teil konz. Schwefelsäure 7 Teile Methylalkohol	24	0,2—0,5	12—18	30—90 Sek.	Rostsicherer Stahl oder Platin	Reagenzien vorsichtig mischen!
Nickel	39 Teile konz. Schwefelsäure 29 Teile dest. Wasser	35 max	0,4		4—6 Min.	Nickel	Reagenzien vorsichtig mischen!
Nickel	1 Teil Perchlorsäure * 2 Teile Essigsäure	18		50	1 Min.	Rostsicherer Stahl	
Stahl und Eisen	1 Teil Perchlorsäure * 20 Teil Eisessig	24	0,2	45	3—4 Min.	Rostsicherer Stahl	Für Weicheisen, C-Stahl und rostsicheren Stahl
Stahl und Eisen	56 Teile Orthophosphorsäure 44 Teile dest. Wasser		0,01	0,15—2		Eisen	Für Eisen und Siliziumeisen
Stahl und Eisen	2 Teile Perchlorsäure * 7 Teile Äthanol 1 Teil Glyzerin	16—20	0,5—2,2	5—15	0,5—2,5 Sek. 10—15 Sek. 20—30 Sek.	Rostsicherer Stahl	Schnellstahl C-Stahl und Leg. Stahl Rostsicherer Stahl
Stahl und Eisen	5 Teile Perchlorsäure * 75 Teile Äthylalkohol (95%) 15 Teile dest. Wasser	21—24	1,3	20—30	40—60 Sek.	Rostsicherer Stahl	Für Stahlguß
Stahl und Eisen	6 Teile Perchlorsäure * 94 Teile Äthylalkohol	24		35—40	15—60 Sek.	Rostsicherer Stahl	Für rostsicheren Stahl
Stahl und Eisen	1 Teil Perchlorsäure 2 Teile Essigsäureanhydrid	24	0,06	50	4—5 Min.	Rostsicherer Stahl oder Aluminium	Für austenitische Stähle. Bad vor Gebrauch 24 Stdn. stehen lassen.

Elektrolyten für metallographische Zwecke

Metall	Zusammensetzung des Elektrolyten	°C	A/cm²	V	Zeit	Kathode	Bemerkungen
Stahl und Eisen	185 Teile Perchlorsäure * 765 Teile Essigsäureanhydrid 50 Teile dest. Wasser	24	1,5—2,5	50—60	0,5—2 Min.	Rostsicherer Stahl	Für C-Stahl und niedriglegierten Stahl. Bad 24 Stdn. vor Gebrauch ansetzen.
Stahl und Eisen	1 Teil Perchlorsäure * 4 Teile Eisessig	16—21	0,2—0,5	100	1—2,5 Min.	Rostsicherer Stahl	
Stahl und Eisen	1 Teil Perchlorsäure * 10 Teile Eisessig	24	1,5—2,5	50—60	0,5—2 Min.	Rostsicherer Stahl	Für C-Stahl und niedriglegierten Stahl
Stahl und Eisen	19 Teile Eisessig 1 Teil Chromsäure	17—19	0,4	20	Mehrere Minuten	Rostsicherer Stahl	
Titan	60 Teile Perchlorsäure * 350 Teile Äthylenglykolmonobuthyläther 590 Teile Methylalkohol	24	2—3	58—66	40 Sek.	Rostsicherer Stahl	Nur zum Polieren geeignet
Titan	90 ml Äthylalkohol 10 ml n-Buthylalkohol 6 g Aluminiumchlorid (Al Cl₃) langsam hinzufügen 25 g Zinkchlorid (Zn Cl₂)	24—30	0,2—1,0	30—60	1—6 Min.	Rostsicherer Stahl	Lösung bewegen
Titan	80 ml Glyzerin 5 g Bariumfluorid 5 ml konz. Schwefelsäure		0,4	90	1—2 Min.	Rostsicherer Stahl	Lösung erwärmt sich beim Polieren
Uran	5 Teile Orthophosphorsäure 5 Teile Äthylenglykol 8 Teile Äthylalkohol	21	0,01	18—20	5—15 Min.	Rostsicherer Stahl	
Uran	1 Teil Chromsäure (50 g CrO₃, 60 ml Wasser) 3 Teile Eisessig	7	0,8—1,6	80	5—30 Sek.	Rostsicherer Stahl	Bad kühl halten

Elektrolytisches Polieren und Ätzen

Metall	Zusammensetzung des Elektrolyten	°C	A/cm²	V	Zeit	Kathode	Bemerkungen
Wismut	1 Teil Eisessig 1 Teil Salpetersäure 4 Teile Glyzerin	24		12	1—5 Min.	Rostsicherer Stahl	Auch als Ätzmittel brauchbar
Zink	25%ige Kalilauge	24	0,16	2—6	15 Min.	Kupfer	Bad mit Luft oder Stickstoff bewegen
Zink	185 Teile Orthophosphorsäure 315 Teile Äthylalkohol	24	0,02	2,5	30 Min.	Nickel oder Rostsicherer Stahl	
Zink	1 Teil Perchlorsäure (20%) * 4 Teile Äthylalkohol (96%)	38 max	0,8	50	10 Sek.	Rostsicherer Stahl	Für reines Zink (99,99%)
		38 max	0,6	100	30 Sek. in 10-Sek. Intervallen	Rostsicherer Stahl	Für Rohzink mit 2% Pb, 1% Sn und 0,2% Fe.
		38 max	2—3	45—60	10 Sek.	Rostsicherer Stahl	Für Leg. mit 1,6 und 4% Cu
		38 max	1,2—1,9	35—60	10 Sek.	Rostsicherer Stahl	Für Zink mit 4% Al und 1% Cu
Zink	144 ml Äthylalkohol 10 g AlCl$_3$ (anhyd.) 45 g Zn Cl$_2$ (anhyd.) 32 ml Wasser 16 ml n-Butylalkohol	10—15		25—40	0,5—3 Min.	Rostsicherer Stahl	Für sehr reines Zink. Lösung leicht bewegen
Zirkon	1 Teil Perchlorsäure (60%) * 10 Teile Eisessig	24	0,02—0,05	12—18	45 Sek.	Rostsicherer Stahl	In schwacher Essigsäurelösung spülen
Zirkon	6 Teile Perchlorsäure * 35 Teile Äthylenglykolmonobuthyläther 59 Teile Methylalkohol	24	2,5—3,5	70—75	15 Sek.	Rostsicherer Stahl	Poliert und ätzt abwechselnd
Zirkon	2 Teile Flußsäure 1 Teil Salpetersäure 20 Teile Glyzerin	24		9—12	1—10 Min.	Rostsicherer Stahl	Kann zum Polieren und Ätzen benutzt werden

Elektrolyten für metallographische Zwecke 51

Tabelle 8. *Elektrolyten zum Ätzen*

Metall	Zusammensetzung des Elektrolyten	°C	A/cm²	V	Zeit	Kathode	Bemerkungen
Aluminium	49 Teile Methylalkohol 49 Teile dest. Wasser 2 Teile Flußsäure	< 24		30	1—2 Min.	Aluminium	Zeigt Kornflächenkontraste in polarisiertem Licht
Aluminium	70 Teile Orthophosphorsäure 2,5 Teile dest. Wasser 26,5 Teile Diäthylenglykolmonoäthyläther 1 Teil Flußsäure	20		50	5—20 Min.	Kohlenstoff	Zeigt Kornflächenkontraste in polarisiertem Licht
Aluminium	100 g Zitronensäure 3 ml Salzsäure 20 ml Äthylalkohol mit Wasser auf 1000 ml auffüllen	24	0,2	12	1 Min.	Kohlenstoff	Für Duraluminium Gußlegierungen
Beryllium	Rauchende Salpetersäure	24		18	20—40 Sek.	Rostsicherer Stahl	
Bronze	67 Teile Orthophosphorsäure 10 Teile konz. Schwefelsäure 23 Teile dest. Wasser	24		0,8	30 Sek.	Kupfer	Für Bronze bis 6% Zinn
Bronze	47 Teile Orthophosphorsäure 20 Teile konz. Schwefelsäure 33 Teile dest. Wasser	24		0,8	30 Sek.	Kupfer	Für Bronze mit mehr als 6% Zinn
Germanium	Oxalsäure (100 g/l Wasser)	24		4—6	10—20 Sek.	Rostsicherer Stahl	Korngrenzenätzung
Gold-Legierungen	Kaliumzyanid (5%)	24	0,02	5	20—60 Sek.	Rostsicherer Stahl	
Kobalt	Orthophosphorsäure	24		1,2	Einige Sek.	Rostsicherer Stahl	Bad bewegen
Kobalt und Kobalt-Legierungen	5 Teile Salzsäure 1 bis 10 Teile Chromsäure (10%)	24		6	10 Sek.	Platin oder Rostsicherer Stahl	Kathodenabstand 20—25 mm

4*

Metall	Zusammensetzung des Elektrolyten	°C	A/cm²	V	Zeit	Kathode	Bezeichnung
Kobalt und Kobalt-Legierungen	10 g Chromoxyd (CrO/) 90 ml Wasser	24		6	10 Sek.	Platin oder Rostsicherer Stahl	Kathodenabstand 20—25 mm
Kobalt-Legierungen	5—10%ige Salzsäure	24		3	1—5 Sek.	Kohlenstoff	
Kupfer und Kupfer-Legierungen	2 Teile Orthophosphorsäure 1 Teil dest. Wasser	24		0,8	30 Sek.	Kupfer	Für Legierungen mit Aus-nahme von Zinnbronzen
Kupfer und Kupfer-Legierungen	30 g Eisensulfat 4 g Natriumhydroxyd 100 ml Schwefelsäure 1900 ml Wasser	24	0,1	8—10	15 Sek.		Färbt β-Kristalle in Messing dunkel
Messing	3 Teile Orthophosphorsäure 5 Teile Wasser	16—27	0,01		Einige Sek.	Kupfer	Für α + β-Messing
Messing	4 Teile Orthophosphorsäure 6 Teile Wasser	24	0,008—0,012		Einige Sek.	Kupfer	Für α-Messing
Molybdän	Oxalsäure (0,5%)	52		3—9	5 Sek.	Rostsicherer Stahl	
Molybdän	Natronlauge (10%)	24		1,5—3	1—5 Sek.	Platin oder Rostsicherer Stahl	
Nickel und Nickel-Legierungen	Chromsäure (10%)	24		1,5	1—3 Sek.	Platin oder Rostsicherer Stahl	
Nickel und Nickel-Legierungen	2 Teile konz. Salpetersäure 1 Teil Eisessig 17 Teile Wasser	24		1,5	20—60 Sek.		Gut für Nickel-Legierungen Besonders geeignet zur Korn-größenbestimmung
Nickel und Nickel-Legierungen	Oxalsäure (10%)	24		1,5—6	15—30 Sek.	Platin	Gut für Inconel

Elektrolyten für metallographische Zwecke 53

Metall	Zusammensetzung des Elektrolyten	°C	A/cm²	V	Zeit	Kathode	Bemerkungen
Nickel und Nickel-Legierungen	Schwefelsäure (3%)	24		6	5—30 Sek.		Zeigt Karbide und Korngrenzen. Für Inconel und Nickel-Chrom-Legierungen
Platin	Natriumzyanid (10%)	24		6	2—5 Min.		Allgemein
Silber-Legier.	Zitronensäure (10%) + einige Tropfen Salpetersäure	24	0,01	6	15 Sek.	Rostsicherer Stahl	Allgemein
Stahl	2 g Pikrinsäure 25 g Natriumhydroxyd 100 ml dest. Wasser	24		6	30 Sek.	Rostsicherer Stahl	Für niedrig legierten Stahl Färbt Eisenkarbide
Stahl	Chromsäure (10%)	24		3	Veränderlich	Rostsicherer Stahl	Für austenitische oder ferritische rostsichere Stähle Greift Karbide und σ-Phase an
Stahl	Natriumzyanid (10%)	24		3	Veränderlich	Rostsicherer Stahl	Macht χ-Phase in Molybdänstahl sichtbar
Stahl	Oxalsäure (10%)	24		3	Veränderlich	Rostsicherer Stahl	
Stahl	1 Teil Salpetersäure 1 Teil Glyzerin 3 Teile Salzsäure	24		3—6	10 Sek.	Rostsicherer Stahl oder Kohle	Für rostsicheren Stahl (16—25—6). Greift Austenit an
Stahl	1 Teil Salpetersäure 1 Teil Wasser	24		1,5	Bis 2 Min.	Rostsicherer Stahl	Korngrenzenätzmittel für austenitische oder ferritische rostsichere Stähle
Stahl	1 Teil Salzsäure 10 Teile Methylalkohol	24	1,5	230	1—2 Sek.	Rostsicherer Stahl	Für Korngrößenbestimmung bei Ferrit und Martensit
Stahl	1 Teil Schwefelsäure 19 Teile Wasser	24	0,1—0,5	6	5—15 Sek.	Rostsicherer Stahl	Für Fe-Cr-Ni-Legierungen

Metall	Zusammensetzung des Elektrolyten	°C	A/cm²	V	Zeit	Kathode	Bemerkungen
Stahl	Ammoniumpersulfat (10 bis 100 g/l Wasser)	24	0,1—0,5	6		Rostsicherer Stahl	Greift Karbide, Ferrit und Austenit in dieser Reihenfolge an
Stahl	Natriumhydroxyd (400 g/l Wasser)	24		1,5—2		Rostsicherer Stahl	Färbt σ-Phase und Karbide, greift Ferrit nicht an
Stahl	50 g Ammoniummolybdat 100 ml Salzsäure 75 ml Salpetersäure mit Wasser auf 1000 ml auffüllen	24	0,3	12	2—3 Min.	Kohlenstoff	Für 18/8 Chromnickel-Stahl und hoch-Ni-haltige Stähle
Tantal	Natriumhydroxyd (10 g/l Wasser)	24		6	3—10 Sek.	Rostsicherer Stahl	Allgemein
Thorium	1 Teil Perchlorsäure * 15 Teile Wasser	24		35		Rostsicherer Stahl	
Vanadium	1 Teil Salzsäure 9 Teile Wasser	24		3—6	Einige Sek.	Rostsicherer Stahl	
Wolfram	Natriumhydroxyd (10%)	24		1,5—3	1—5 Sek.	Platin oder Rostsicherer Stahl	Für Wolfram und Wolfram-Karbide
Uran	4 Teile Zitronensäure 1 Teil Salpetersäure 195 Teile Wasser	24	0,01		10 Min.	Rostsicherer Stahl	Korngrenzenätzmittel
Uran	1 Teil Chromsäure 10 Teile Eisessig	49	0,8—1,2		1—3 Min.	Rostsicherer Stahl	Korngrenzenätzmittel
Zink	5 bis 7 Teile Perchlorsäure * 13 bis 15 Teile Eisessig	24	0,01		Einige Sek.	Kupfer	
Zink	1 Teil Chromsäure 5 Teile Wasser	24	1	12	10 Sek.	Platin	Zur Unterscheidung von γ und ε in Kupfer-Zink-Legierungen

Schrifttum

Kurze Hinweise zur Schliffherstellung werden in zahlreichen metallkundlichen Werken gegeben. Es gibt aber nur wenige Bücher, deren Hauptthema die metallographische Laboratoriumsarbeit ist. Neben diesen Büchern werden hier noch einige Zeitschriften genannt, in denen der Metallograph ab und zu praktische Anregungen für seine Arbeit finden kann.

Bücher

[1] BERGLUND-MEYER: Handbuch der metallographischen Schleif-, Polier- und Ätzverfahren Berlin: Springer 1940.
[2] GOERENS: Einführung in die Metallographie. Düsseldorf: W. Knapp 1948.
[3] KEHL: The Principles of Metallographic Laboratory Practice, New York: Mc Graw-Hill Book Company, Inc 1949.
[4] MICHEL: Grundzüge der Mikrophotographie. Jena: G. Fischer 1949.
[5] SCHOTTKY: Praktische Metallprüfung. Braunschweig: G. Westermann 1953.
[6] SCHRADER: Ätzheft. Berlin: Gebr. Bornträger 1941.

Zeitschriften

[7] Aluminium. Düsseldorf: Aluminium-Zentrale.
[8] Archiv für das Eisenhüttenwesen. Düsseldorf: Stahleisen.
[9] Gießerei. Düsseldorf: Gießerei-Verlag.
[10] Zeitschrift für Metallkunde. Stuttgart: Riederer.
[11] Metal Progress. American Society for Metal, 7301 Euclid, Cleveland/Ohio.
[12] Stahl und Eisen. Düsseldorf: Stahleisen.

Einteilung der bisher erschienenen Hefte nach Fachgebieten (Fortsetzung)

II. Spangebende Formung (Fortsetzung)

	Heft
Außenräumen. 2. Aufl. Von A. Schatz.	80
Das Schleifen und Polieren der Metalle. 5. Aufl. Von H. Staudinger.	5
Spitzenloses Schleifen I — Maschinenaufbau und Arbeitsweise —. Von W. Hofmann	97
Spitzenloses Schleifen II — Zusatzvorrichtungen, Genauigkeits- und Schönheitsschliff —. Von W. Hofmann.	107
Läppen. Von H. H. Finkelnburg.	105
Werkzeugschleifen. Von A. Rottler.	94
Feilen. 2. Aufl. Von B. Buxbaum †.	46
Das Sägen der Metalle. 2. Aufl. Von J. Hollaender.	40
Die Fräser. 4. Aufl. Von E. Brödner.	22
Das Fräsen. 3. Aufl. Von H. H. Klein.	88
Nachformeinrichtungen für Drehbänke (Kopierdrehen). Von C. H. Stau.	113
Die wirtschaftliche Verwendung von Einspindelautomaten. 2. Aufl. Von H. H. Finkelnburg	81
Die wirtschaftliche Verwendung von Mehrspindelautomaten. 2. Aufl. Von H. H. Finkelnburg	71
Werkzeugeinrichtungen auf Einspindelautomaten. 2. Aufl. Von F. Petzoldt.	83
Werkzeugeinrichtungen auf Mehrspindelautomaten. Von F. Petzoldt.	95
Maschinen und Werkzeuge für die spangebende Holzbearbeitung. 2. Aufl. Von H. Wichmann.	78

III. Spanlose Formung

Freiformschmiede I — Grundlagen, Werkstoff der Schmiede, Technologie des Schmiedens —. 4. Aufl. Von F. W. Duesing und A. Stodt.	11
Freiformschmiede II — Konstruktion und Ausführung von Schmiedestücken. Schmiedebeispiele —. 3. Aufl. Von A. Stodt.	12
Freiformschmiede III — Einrichtung u. Werkzeuge der Schmiede —. 2. Aufl. Von A. Stodt	56
Gesenkschmieden von Stahl I — Technologische Grundlagen der Gestaltung von Schmiedestücken und Schmiedewerkzeugen —. 3. Aufl. Von H. Kaessberg.	31
Gesenkschmieden von Stahl II — Die Gestaltung der Schmiedewerkzeuge —. 2. Aufl. Von H. Kaessberg.	58
Das Pressen und Gesenkschmieden der Nichteisenmetalle. 2. Aufl. Von A. Peter.	41
Die Herstellung roher Schrauben I — Anstauchen der Köpfe —. Von J. Berger.	39
Stanztechnik I — Schnittechnik —. 3. Aufl. Von E. Krabbe.	44
Stanztechnik II — Die Bauteile des Schnittes —. 2. Aufl. Von E. Krabbe.	57
Stanztechnik III — Grundsätze für den Aufbau von Schnittwerkzeugen —. Von E. Krabbe	59
Stanztechnik IV — Formstanzen —. 2. Aufl. Von W. Sellin.	60
Tiefziehtechnik — Formstanzen, Gummipressen, Tiefziehen. 4. Aufl. Von W. Sellin.	25
Metalldrücken. Von W. Sellin.	117
Hydraulische Preßanlagen für die Kunstharzverarbeitung. 2. Aufl. Von H. Lindner.	82

IV. Schweißen, Löten, Gießerei

Die neueren Schweißverfahren. 7. Auflage. Von P. Schimpke.	13
Das Lichtbogenschweißen. 4. Aufl. Von E. Klosse.	43
Praktische Regeln für den Elektroschweißer. 3. Aufl. Von R. Hesse.	74
Widerstandsschweißen. 2. Aufl. Von W. Fahrenbach.	73
Das Schweißen der Leichtmetalle. 2. Aufl. Von Th. Ricken.	85
Schweißtechnische Berechnungen. Von E. Klosse.	102
Metallspritzen. Von K. Krekeler und K. Steinemer.	93
Das Löten. 4. Aufl. Von R. von Linde.	28
Fachkunde für den Modellbau. 2. Aufl. Von E. Kadlec.	72
Der Holzmodellbau I — Allgemeines, einfachere Modelle —. 3. Aufl. Von R. Löwer.	14
Der Holzmodellbau II — Beispiele von Modellen und Schablonen zum Formen —. 3. Aufl. Von R. Löwer.	17
Modell- und Modellplattenherstellung für die Maschinenformerei. 2. Aufl. Von H. Jung	37
Der Gießerei-Schachtofen im Aufbau und Betrieb. 4. Aufl. Von Joh. Mehrtens.	10
Handformerei. 2. Aufl. Von F. Naumann.	70
Maschinenformerei. Von U. Lohse †. 2. Aufl. Von H. Allendorf.	66
Formsandaufbereitung und Gußputzerei. Von U. Lohse.	68
Einwandfreier Formguß. 3. Aufl. Von E. Kothny.	30

(Fortsetzung 4. Umschlagseite)

MIX
Papier aus verantwortungsvollen Quellen
Paper from responsible sources
FSC® C105338

If you have any concerns about our products,
you can contact us on
ProductSafety@springernature.com

In case Publisher is established outside the EU,
the EU authorized representative is:
**Springer Nature Customer Service Center GmbH
Europaplatz 3, 69115 Heidelberg, Germany**

Printed by Libri Plureos GmbH
in Hamburg, Germany